Das Zahlenbuch 2

Förderheft

Herausgeber:
Marcus Nührenbörger und Ralph Schwarzkopf

Autoren:
Uta Häsel-Weide, Marcus Nührenbörger

Ernst Klett Verlag
Stuttgart · Leipzig · Dortmund

Inhalt

Symbole

- Schreibe oder zeichne hier.
- Benutze Material.
- Kreuze an.
- Partnerarbeit

Zahlen in der Klasse

1 Haustiere. Zeichne ein Schaubild.

						andere Tiere	kein Tier
	8	6	2	3	5	3	4

2 Vergleiche. Kreuze an.

Mehr  oder mehr ?

Mehr  oder mehr ?

Mehr  oder mehr  ?

Mehr  oder mehr  ?

3 Wie viel mehr?

Es sind

____  mehr als .

____  mehr als  .

____  mehr als .

____  mehr als .

____  mehr als  .

____  mehr als  .

1 Tabelle deuten und dazu Schaubild zeichnen. Mit den Kindern über das Diagramm und über Auffälligkeiten sprechen, z. B. besonders häufige oder seltene Tiere. **2, 3** Fragen anhand des Schaubilds beantworten. Qualitativer und quantitativer Vergleich von Anzahlen.

→ Schulbuch, Seiten 4/5

Das Einspluseins

1 Einfache Plusaufgaben = 5.

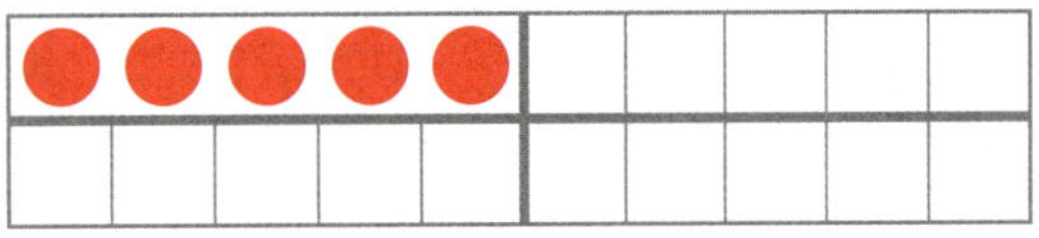

5 + ___ = 5

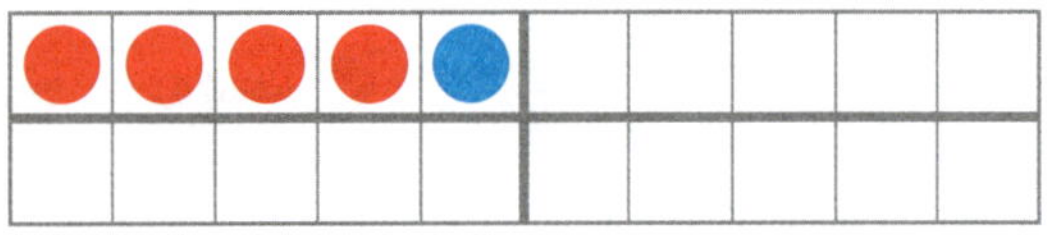

4 + ___ = 5

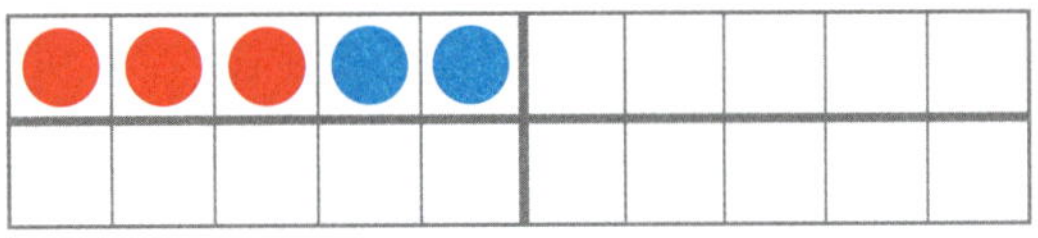

3 + ___ = 5

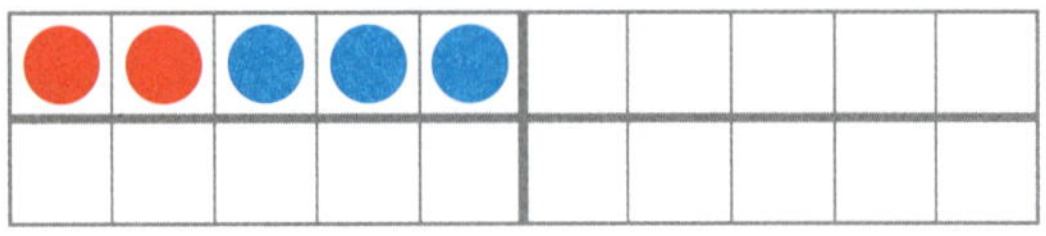

2 + ___ = 5

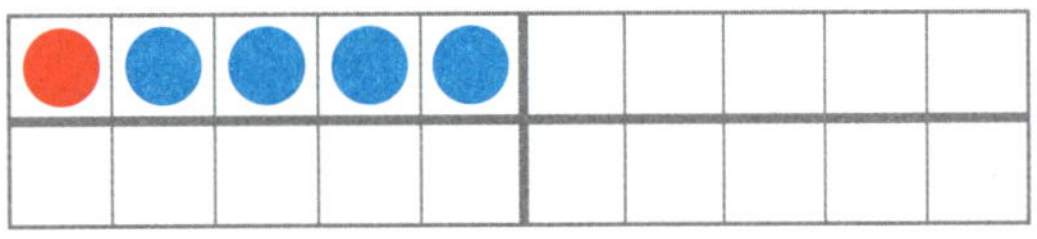

___ + ___ = 5

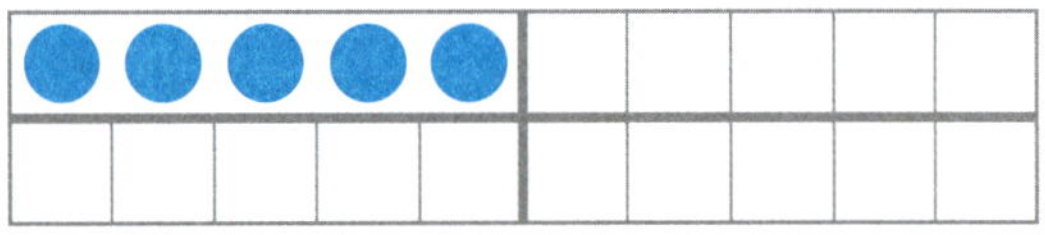

___ + ___ = 5

2 Einfache Plusaufgaben = 10.

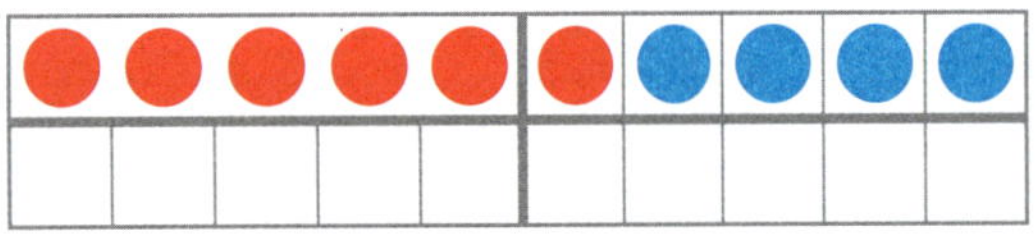

6 + ___ = 10

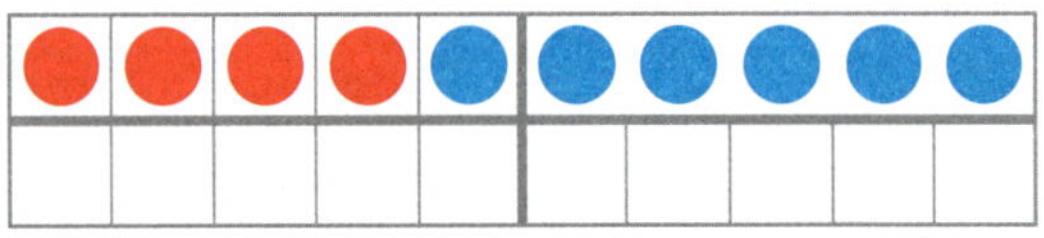

4 + ___ = 10

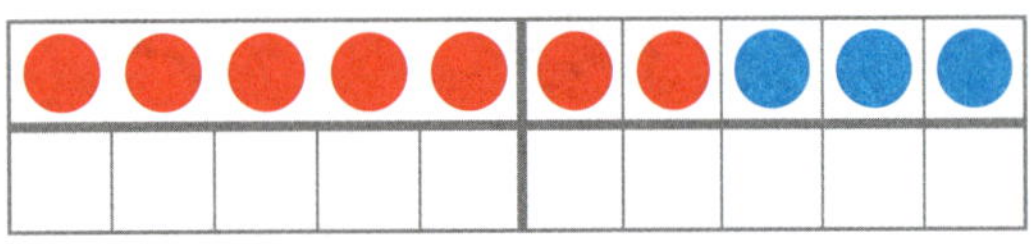

7 + ___ = 10

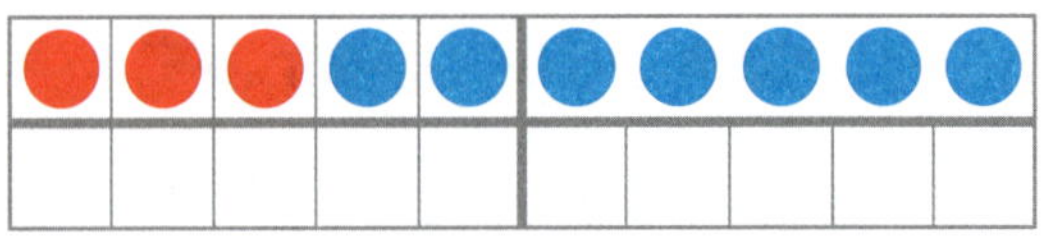

3 + ___ = 10

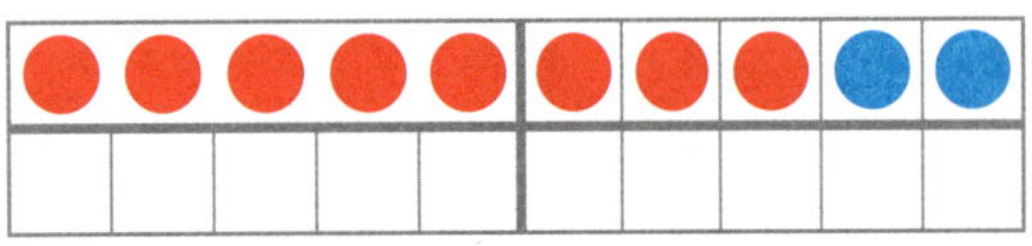

8 + ___ = 10

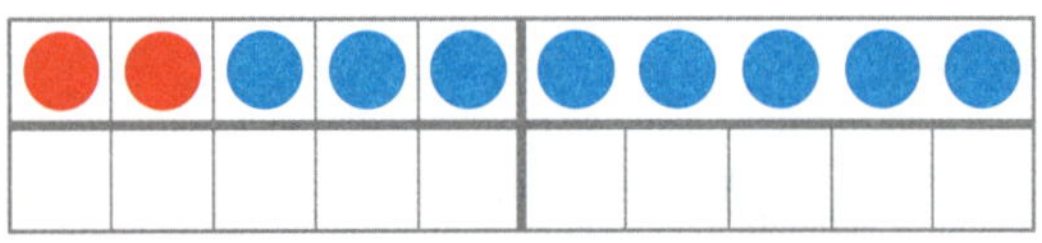

2 + ___ = 10

1, 2 Merkmale einfacher Aufgaben zum wiederholenden und vertieften Rechnen nutzen.

→ Schulbuch, Seiten 6/7

Das Einspluseins

1 Zeichne und rechne mit 10.

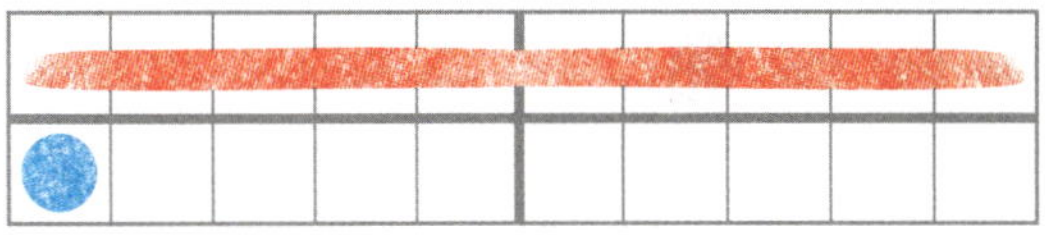

10 + 1 = 11

10 + 5 = ____

10 + 2 = ____

10 + 10 = ____

2 Zeichne und rechne mit 1.

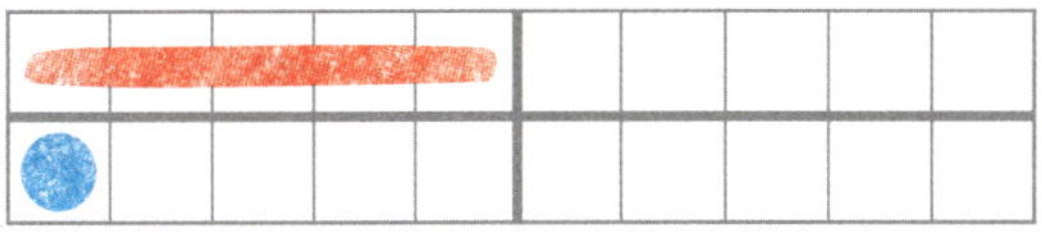

5 + 1 = 6

10 + 1 = ____

6 + 1 = ____

11 + 1 = ____

3 Zeichne und rechne mit 5.

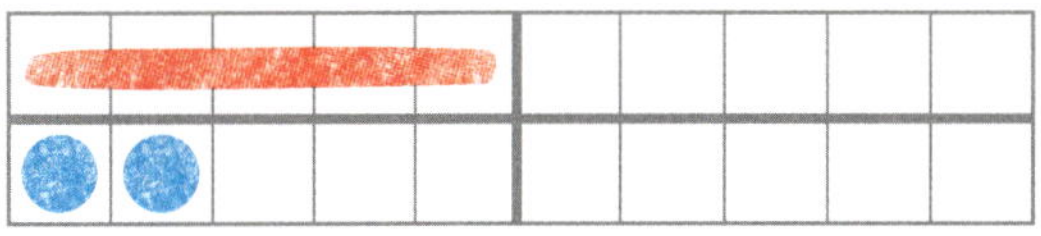

5 + 2 = 7

2 + 5 = ____

5 + 4 = ____

4 + 5 = ____

1–3 Merkmale einfacher Aufgaben zum wiederholenden und vertieften Rechnen nutzen. Fünfer- und Zehnerstrich zum Zeichnen nutzen.

→ Schulbuch, Seiten 6/7

Das Einspluseins

1 Aufgabe = 10 und Nachbaraufgabe.

5 + 5 = ____

5 + 6 = ____

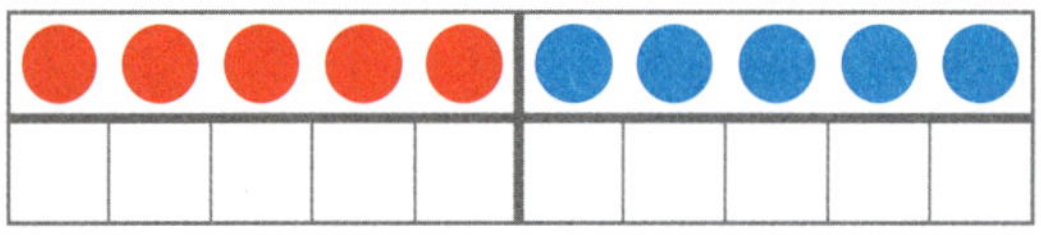

3 + 7 = ____

3 + 6 = ____

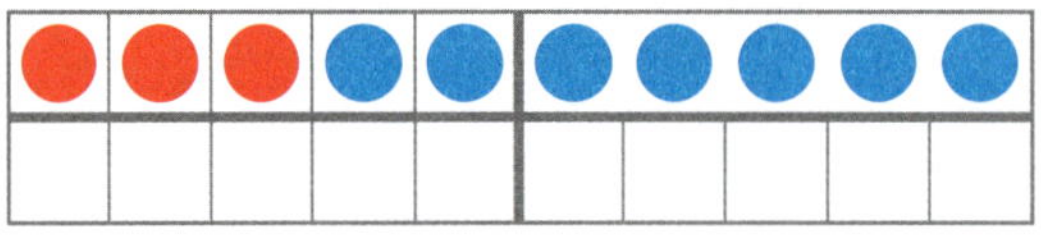

8 + 2 = ____

9 + 2 = ____

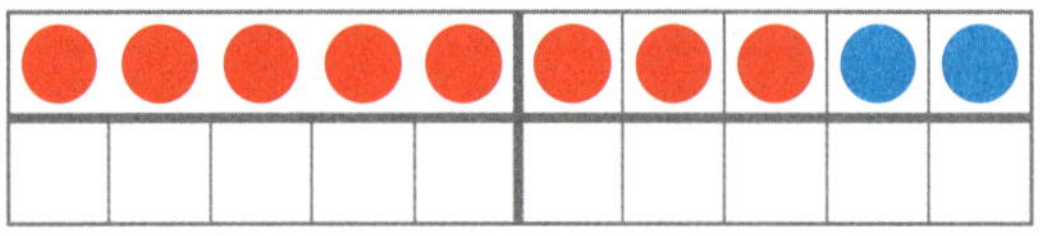

2 Aufgabe mit 5 und Nachbaraufgabe.

5 + 2 = ____

6 + 2 = ____

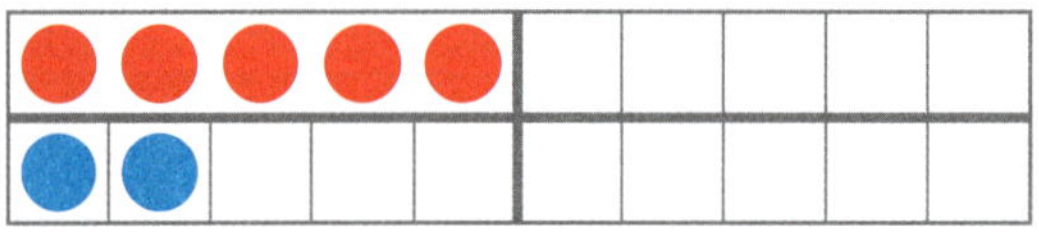

3 + 5 = ____

3 + 6 = ____

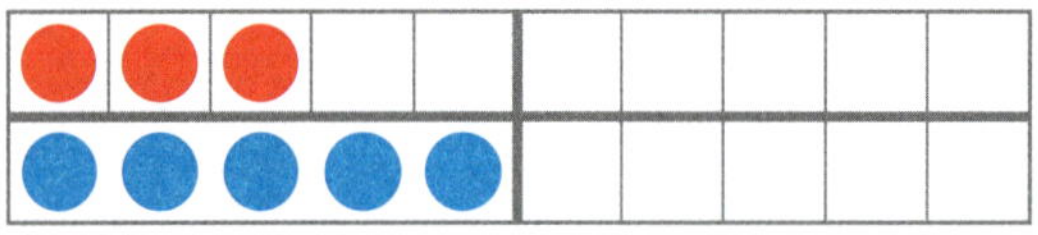

3 Aufgabe doppelt und Nachbaraufgabe.

4 + 4 = ____

4 + 5 = ____

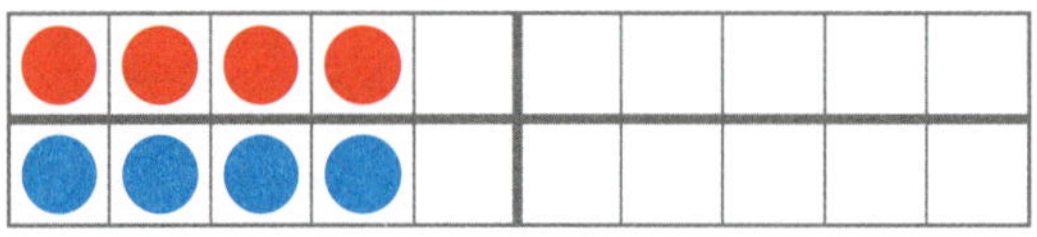

3 + 3 = ____

4 + 3 = ____

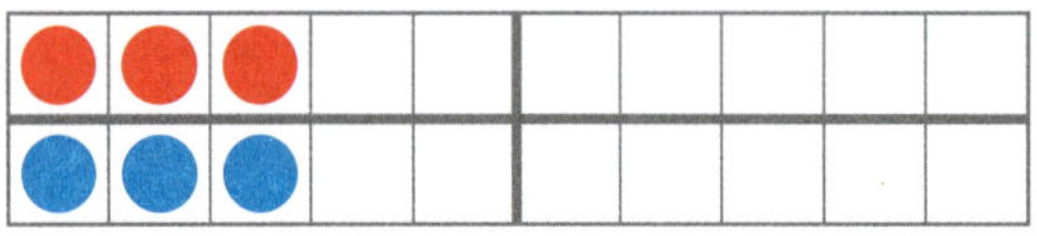

5 + 5 = ____

4 + 5 = ____

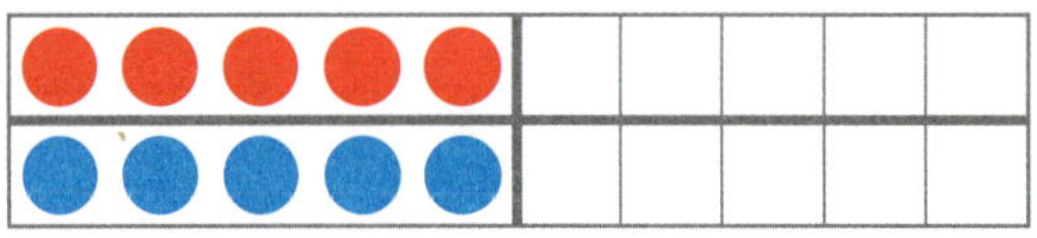

1–3 Einfache Plusaufgaben und ihre Nachbaraufgaben lösen. Veränderungen um +/-1 zunehmend mental vornehmen.

→ Schulbuch, Seiten 6/7

Das Einsminuseins

1 Einfache Minusaufgaben 5.

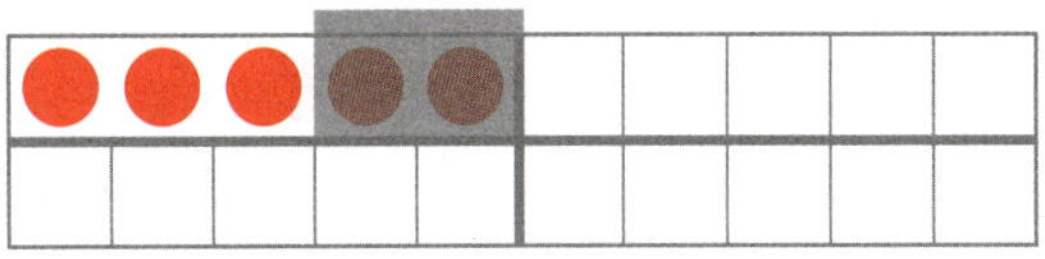

5 – 2 = ____

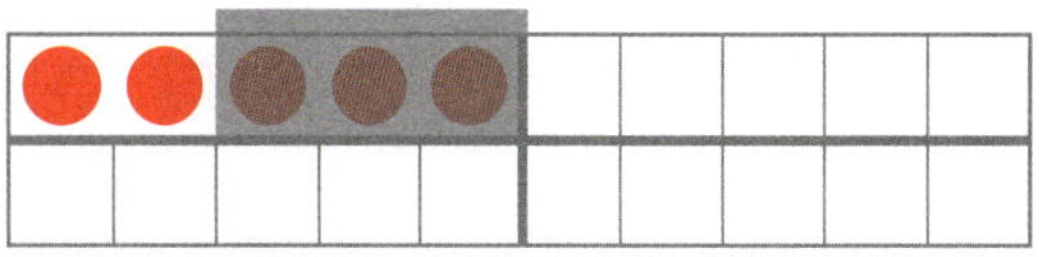

5 – 3 = ____

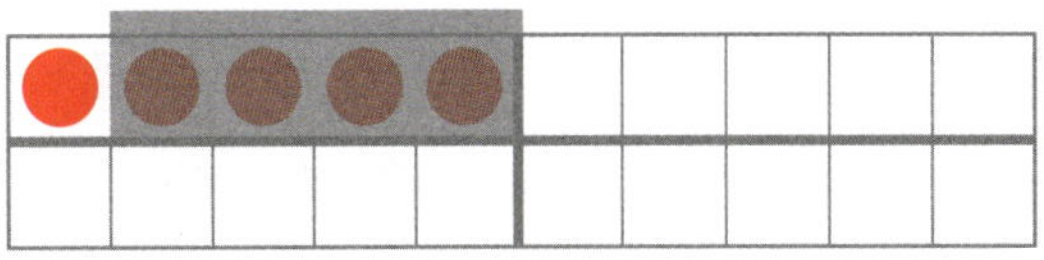

5 – 4 = ____

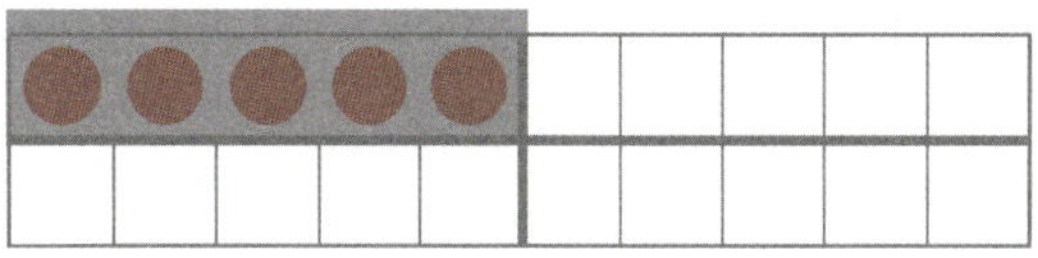

5 – 5 = ____

2 Einfache Minusaufgaben 10.

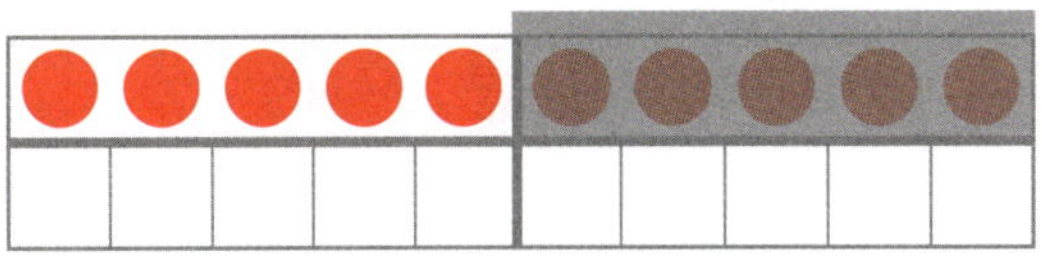

10 – 5 = ____

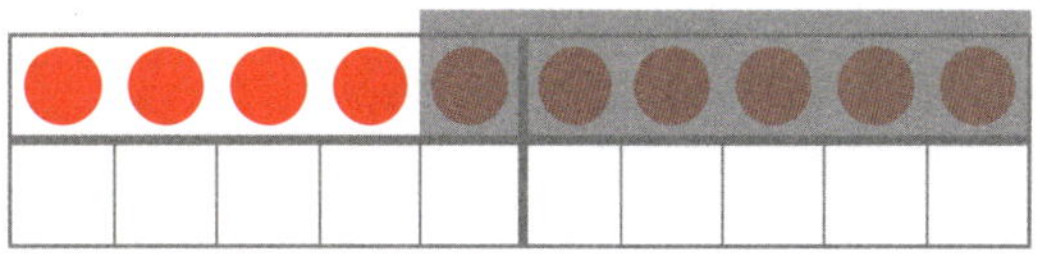

10 – 6 = ____

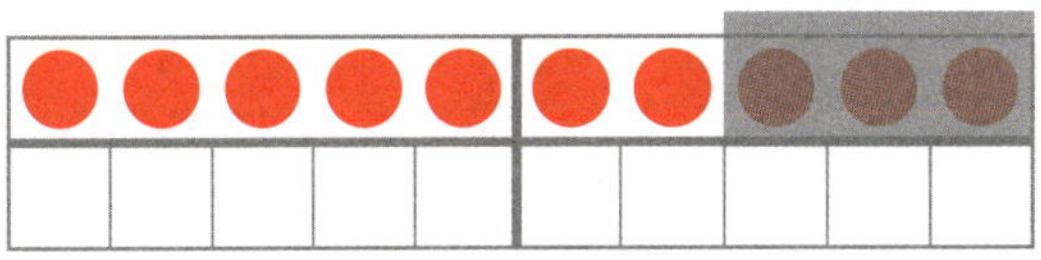

10 – 3 = ____

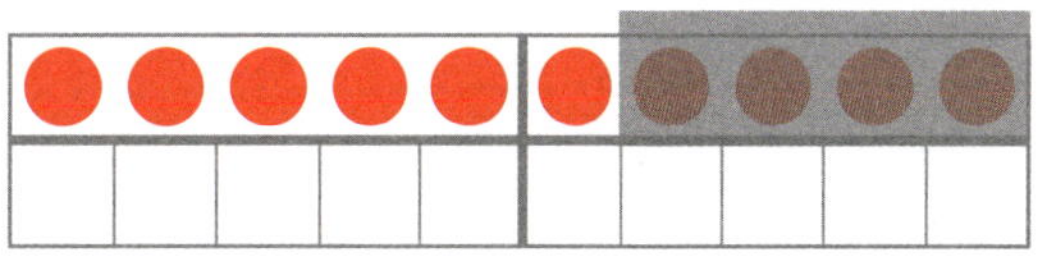

10 – 4 = ____

3 Einfache Minusaufgaben 1.

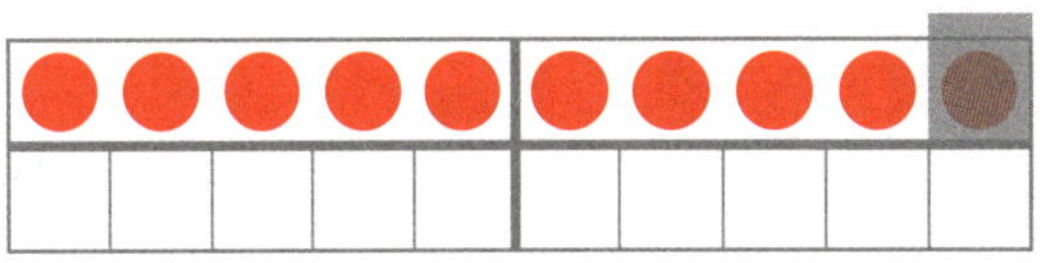

10 – 1 = ____

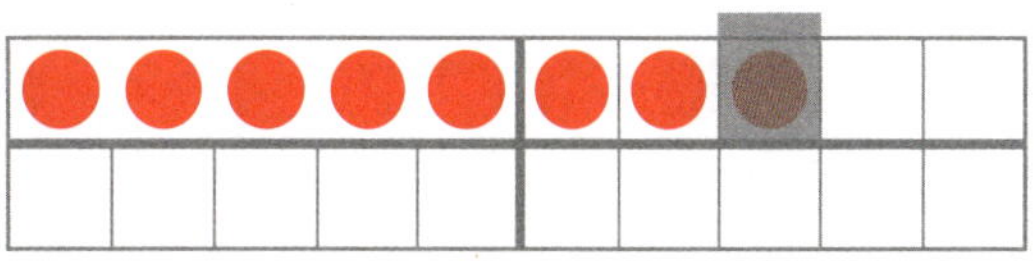

8 – 1 = ____

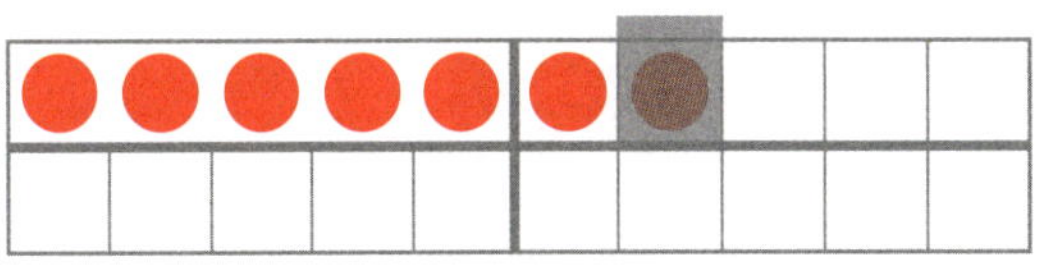

7 – 1 = ____

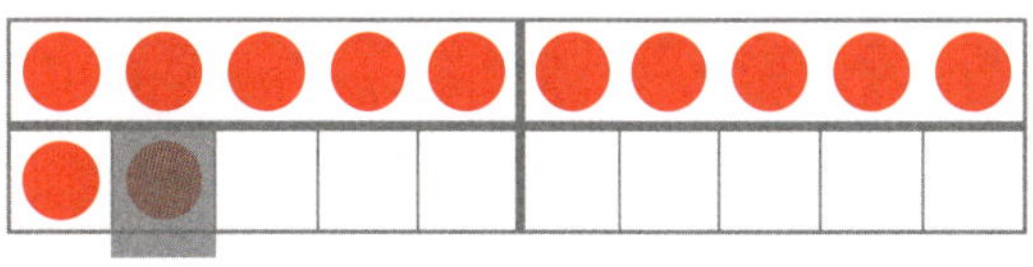

12 – 1 = ____

1–3 Einfache Aufgaben wiederholen und vertiefen.

→ Schulbuch, Seiten 8/9

1 Zeichne und rechne 10.

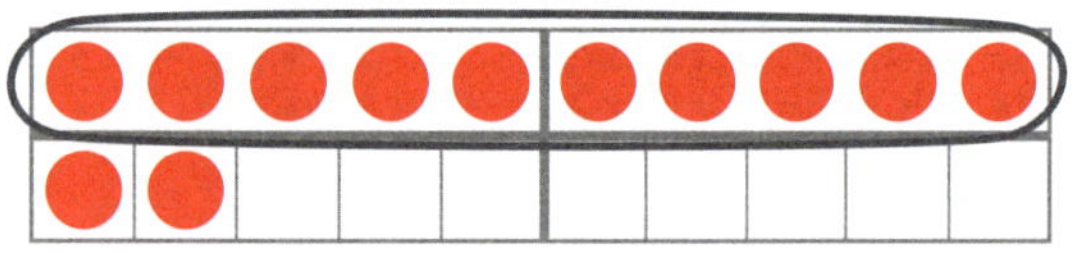

12 − 10 = ____

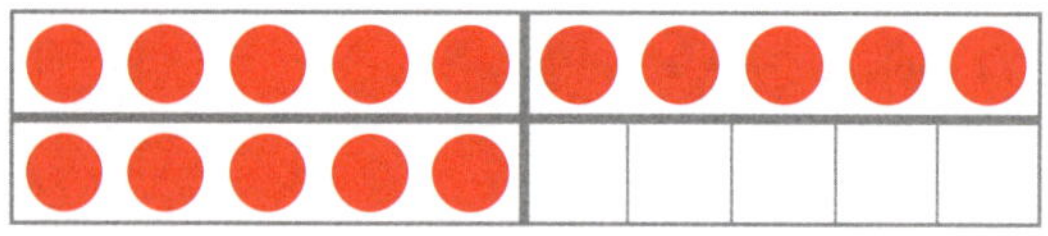

15 − 5 = ____

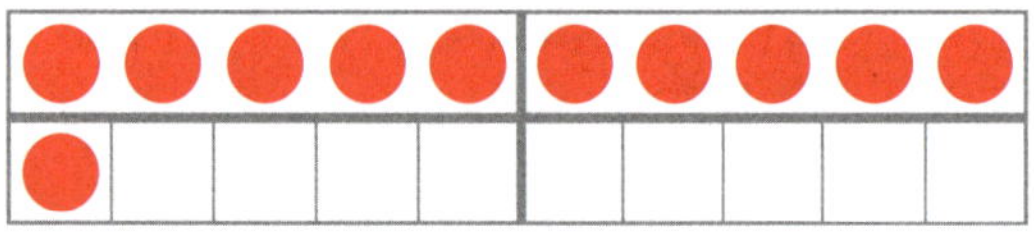

11 − 10 = ____

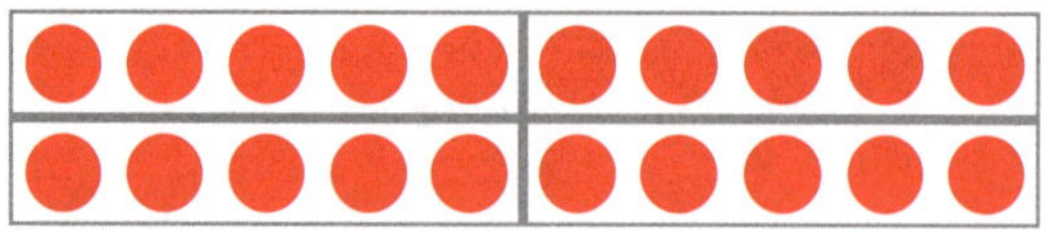

20 − 10 = ____

2 Zeichne und rechne 5.

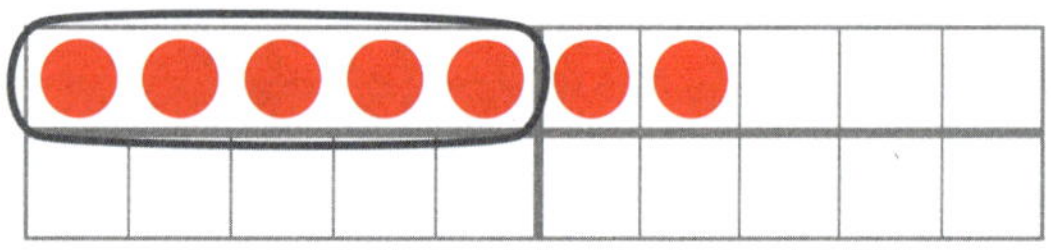

7 − 5 = ____

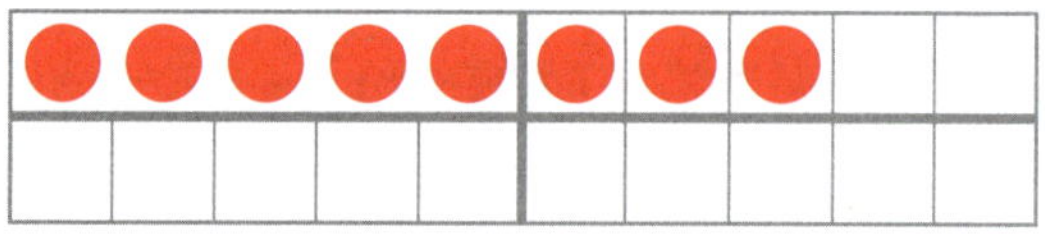

8 − 5 = ____

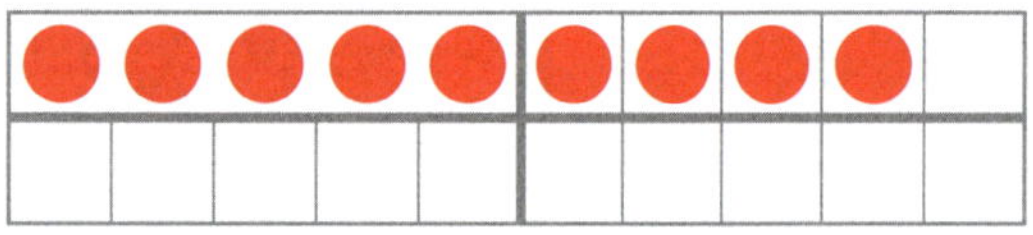

9 − 5 = ____

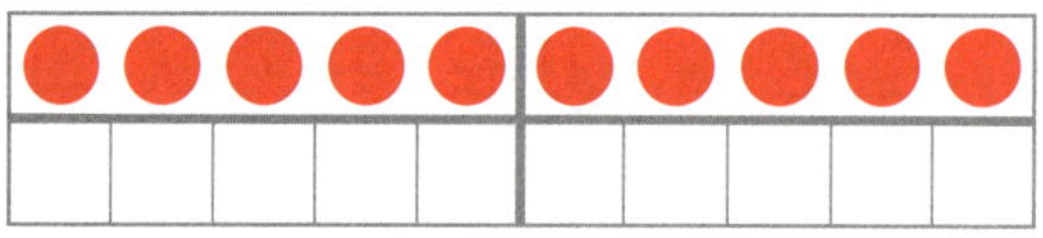

10 − 5 = ____

3 Rechne halb.

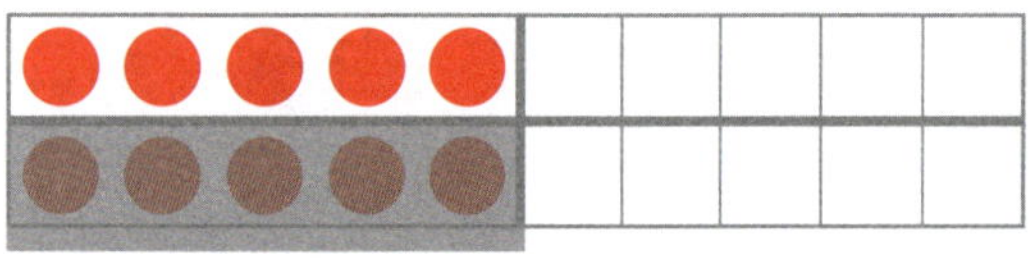

10 − 5 = ____

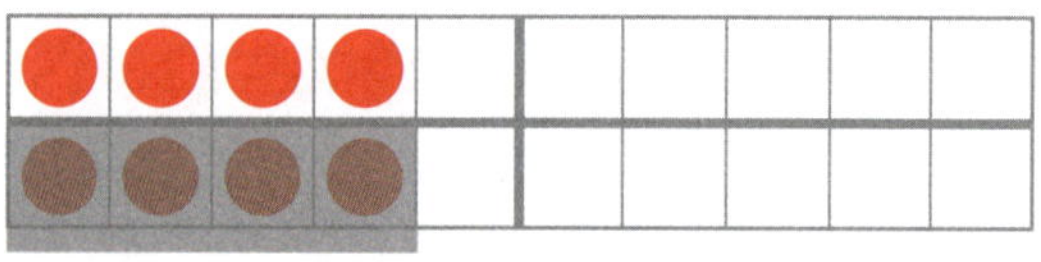

8 − 4 = ____

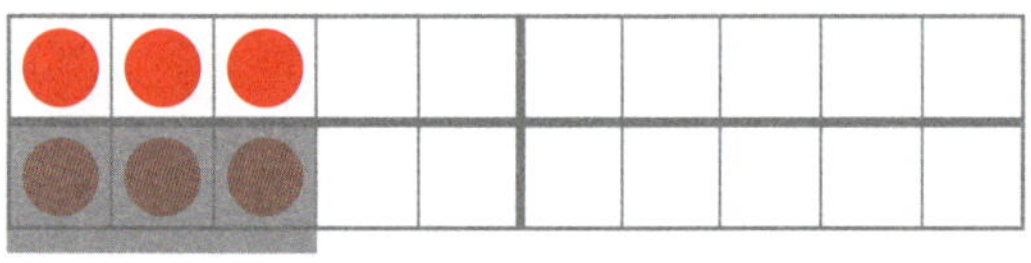

6 − 3 = ____

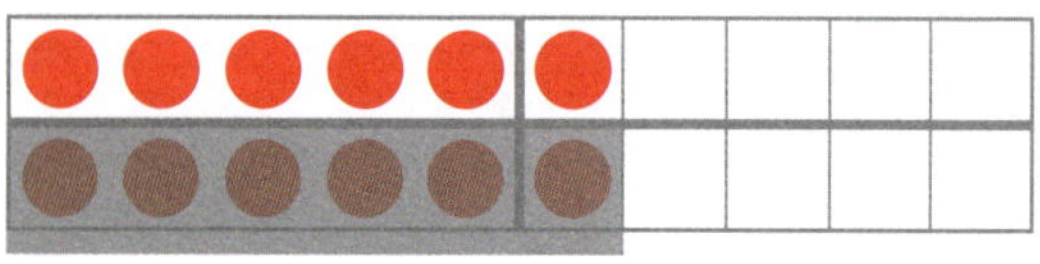

12 − 6 = ____

1–3 Einfache Aufgaben wiederholen und vertiefen.

→ Schulbuch, Seiten 8/9

Das Einsminuseins

1 Aufgabe ◇ 10 ◇ und Nachbaraufgabe.

10 – 4 = ____
11 – 4 = ____

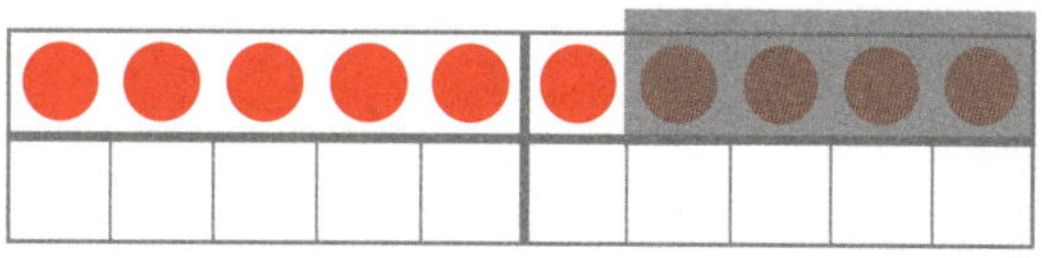

10 – 3 = ____
11 – 3 = ____

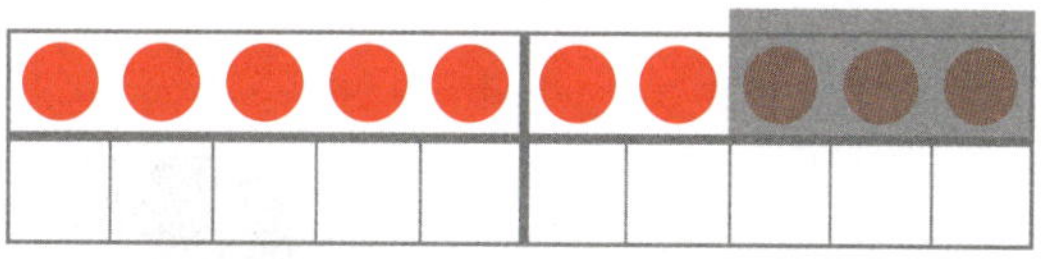

10 – 8 = ____
11 – 8 = ____

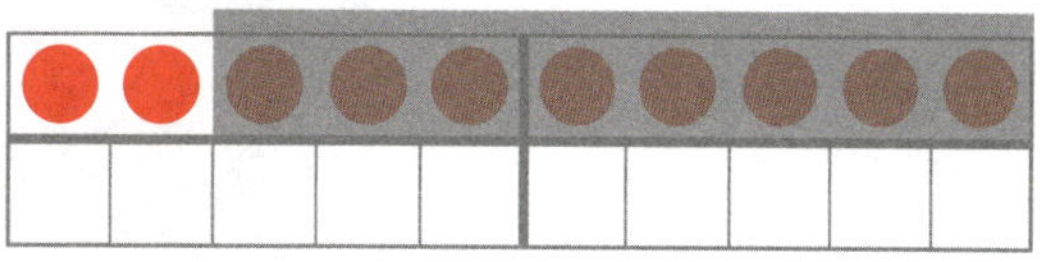

2 Aufgabe ◇ 10 ◇ und Nachbaraufgabe.

12 – 10 = ____
12 – 9 = ____

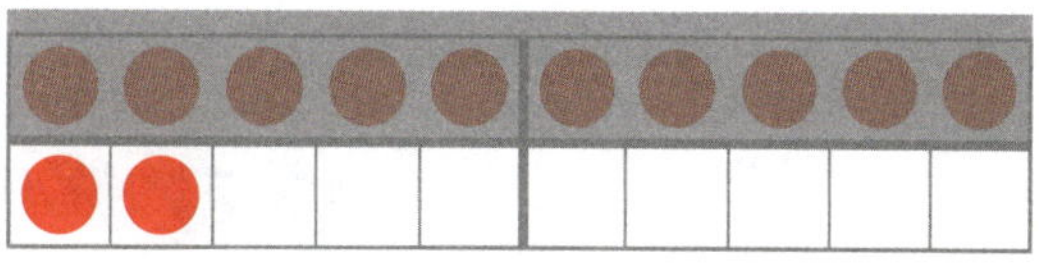

11 – 10 = ____
11 – 9 = ____

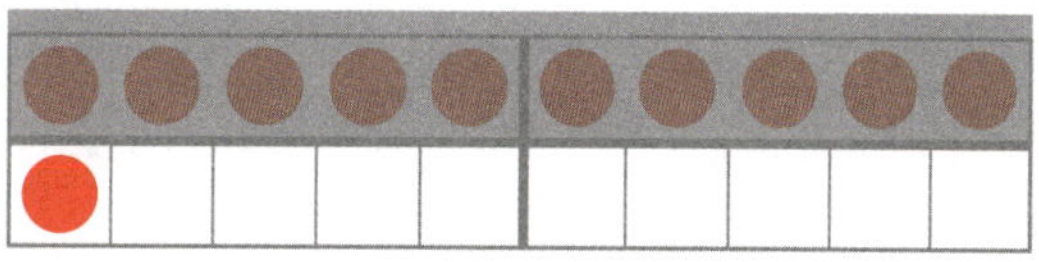

20 – 10 = ____
20 – 9 = ____

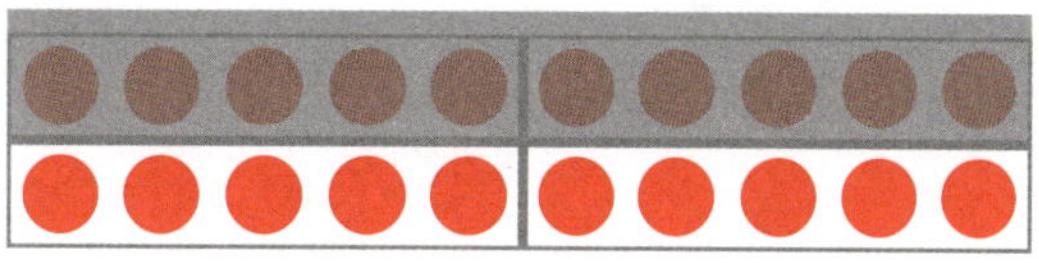

3 Aufgabe ◇ 5 ◇ und Nachbaraufgaben.

8 – 4 = ____
8 – 5 = ____
8 – 6 = ____

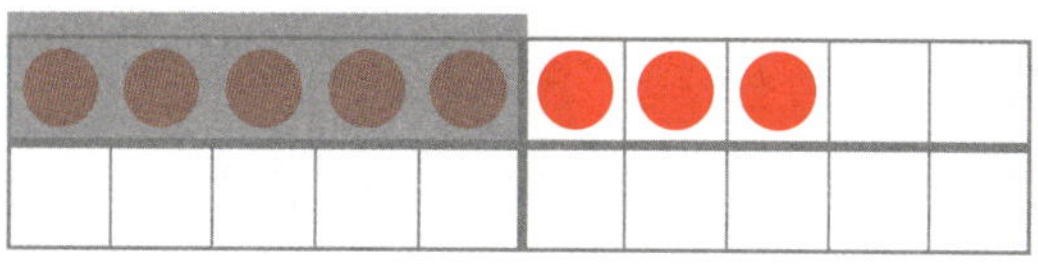

6 – 4 = ____
6 – 5 = ____
6 – 6 = ____

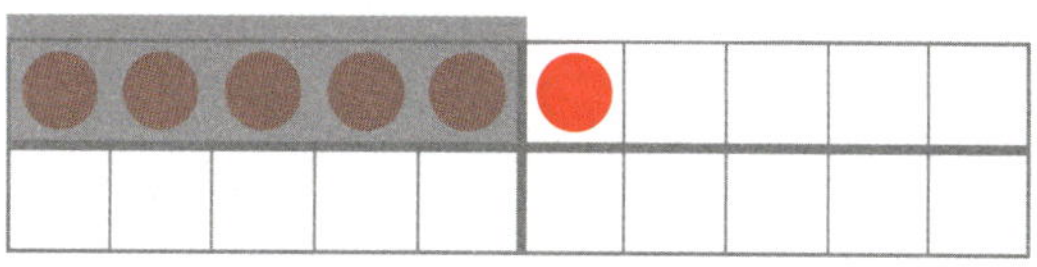

1–3 Einfache Minusaufgaben und ihre Nachbaraufgaben lösen. Veränderungen um +/-1 zunehmend mental vornehmen.

→ Schulbuch, Seiten 8/9

1 Umkehraufgaben. Immer zwei Aufgaben zu einem Bild.

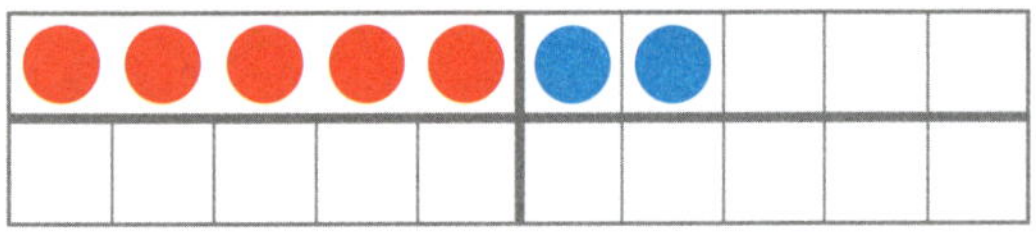

5 + 2 = ___
7 − 2 = ___

Sophie Till

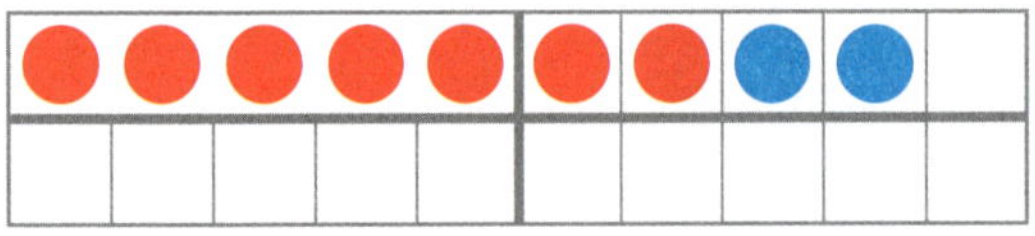

7 + ___ = ___
___ − ___ = ___

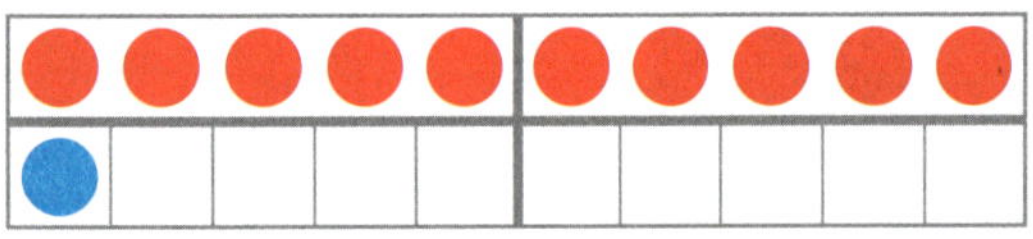

10 + ___ = ___
___ − ___ = ___

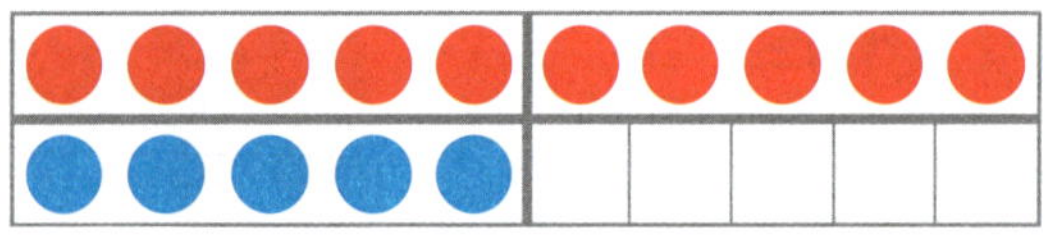

___ + ___ = ___
___ − ___ = ___

2 Lege und rechne. Immer vier Aufgaben.

5 3 8

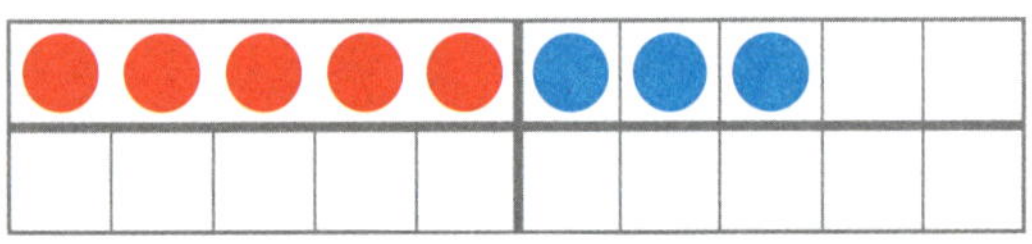

5 + 3 = ___ 8 − 3 = ___
3 + 5 = ___ 8 − 5 = ___

10 2 12

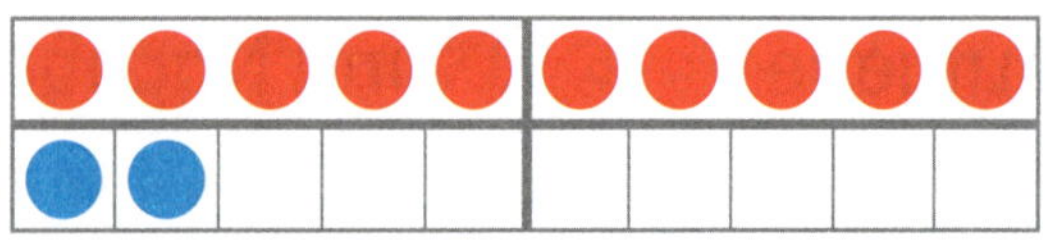

10 + 2 = ___ 12 − 2 = ___
2 + ___ = ___ 12 − ___ = ___

5 2 7

5 + 2 = ___ 7 − 2 = ___
2 + 5 = ___ 7 − 5 = ___

3 7 10

3 + 7 = ___ 10 − 7 = ___
7 + 3 = ___ 10 − 3 = ___

1 Aufgabe und Umkehraufgabe am Feld sehen und rechnen. **2** Aufgabe, Tauschaufgabe und Umkehraufgaben am Feld sehen und rechnen.

→ Schulbuch, Seiten 10/11

Addieren und Subtrahieren

1 Ergänze.

4 + ____ = 5

1 + ____ = 5

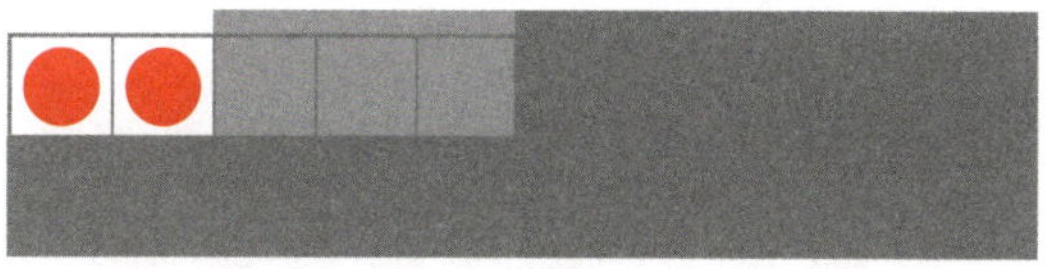

2 + ____ = 5

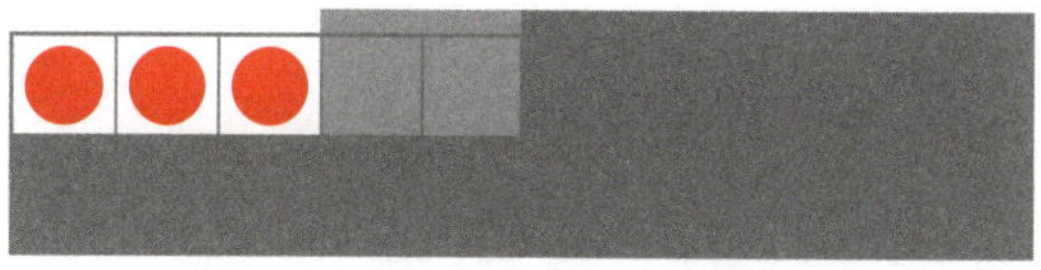

3 + ____ = 5

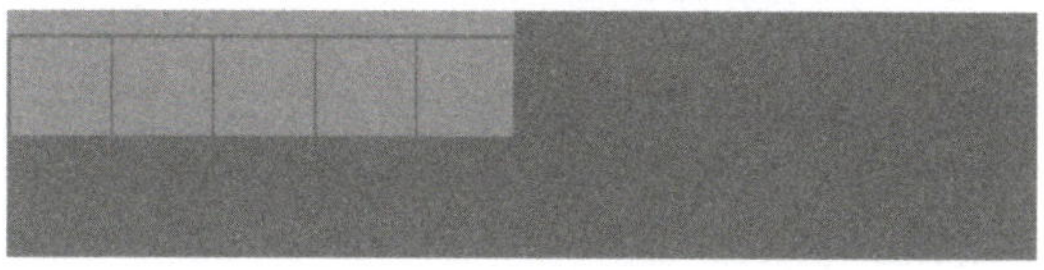

0 + ____ = 5

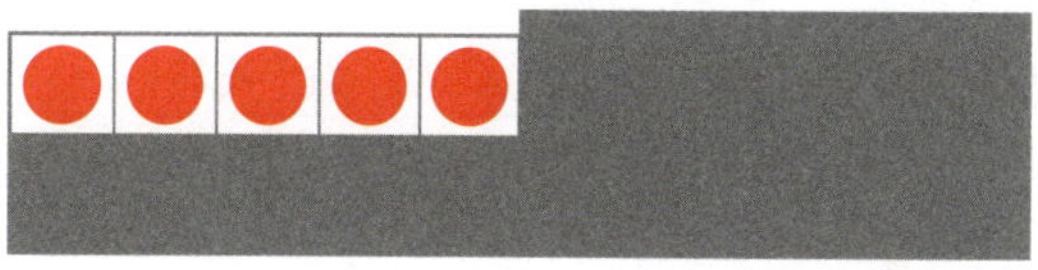

5 + ____ = 5

2

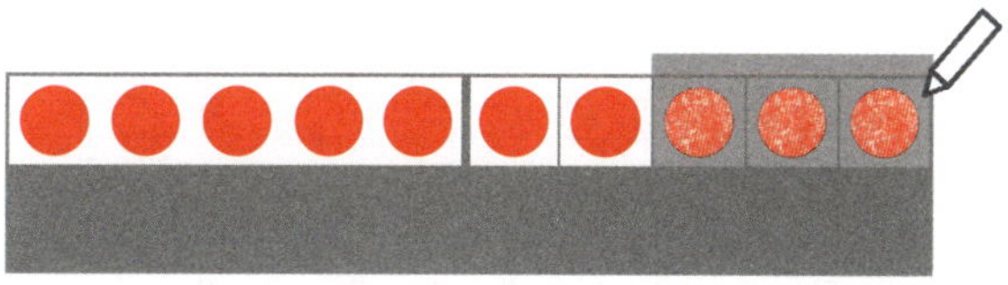

7 + ____ = 10

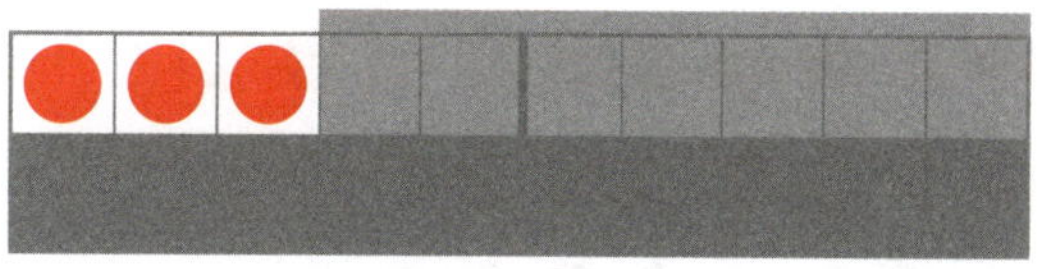

3 + ____ = 10

4 + ____ = 10

6 + ____ = 10

8 + ____ = 10

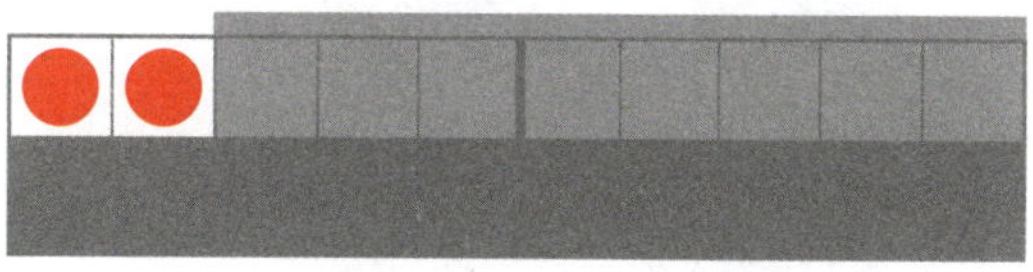

2 + ____ = 10

1, 2 Das Ergänzen einer Zahl auf das Ergebnis 10 oder 5 am Zwanzigerfeld wiederholen.

→ Schulbuch, Seiten 10/11

Zehnerzahlen

1 Wie viele? Lege und schreibe.

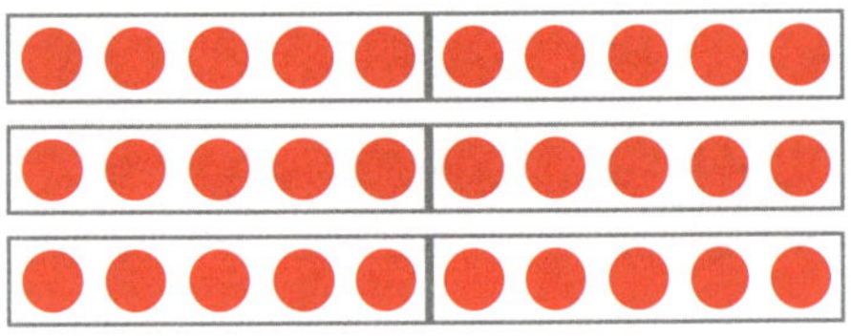

3**Z** = 30

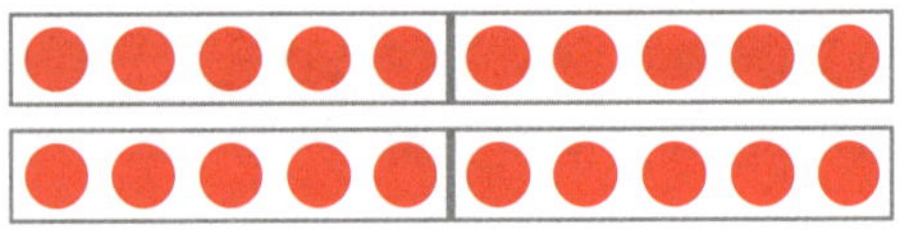

2**Z** = ____

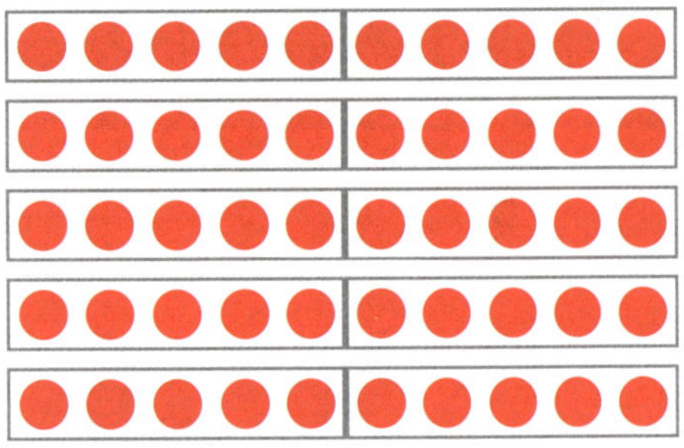

____ **Z** = ____

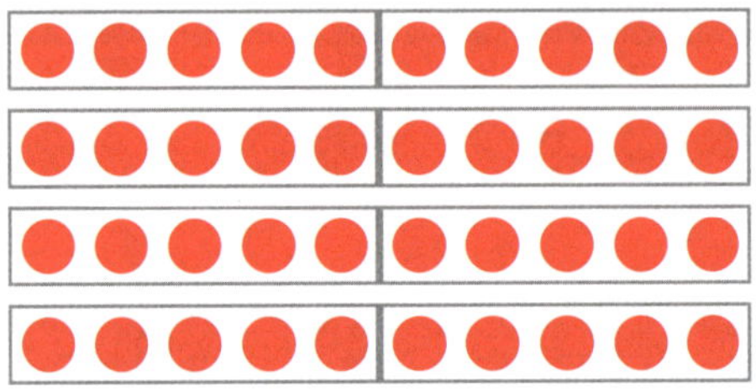

____ **Z** = ____

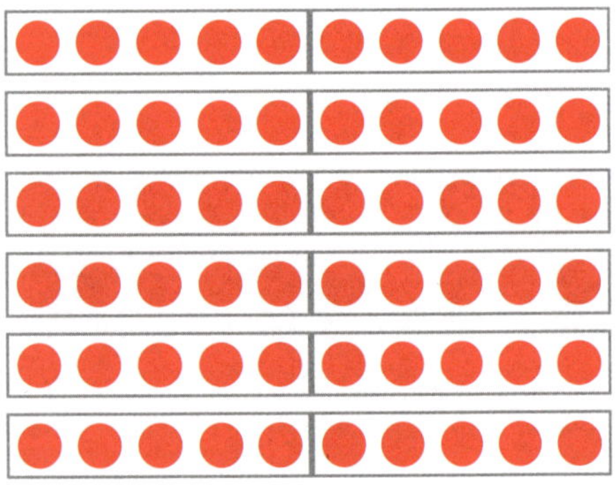

____ **Z** = ____

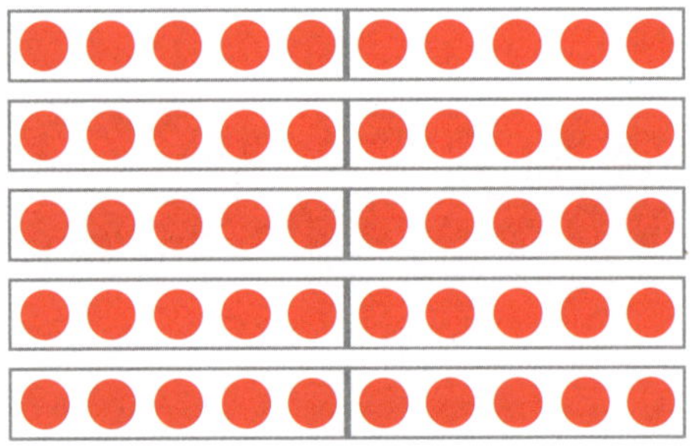

____ **Z** = ____

2 Wie viele? Lege und schreibe.

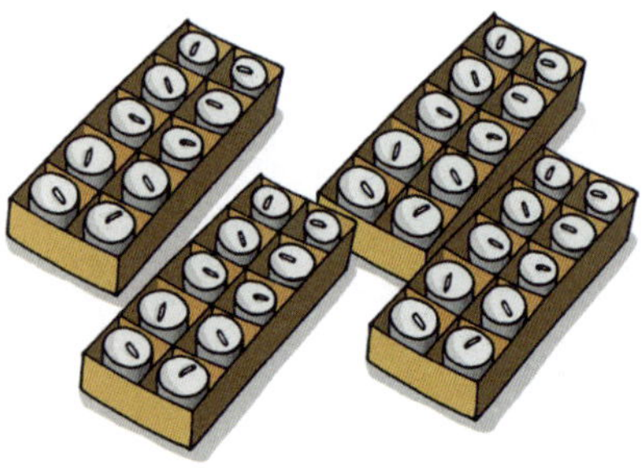

____

____

1 Zehnerzahlen mit Zehnerstreifen legen. Anzahl der Zehnerstreifen und Gesamtanzahl bestimmen. Operative Veränderung in den Zeilen betrachten. 2 Anzahlen bestimmen, ggf. mit Zehnerstreifen nachlegen.

→ Schulbuch, Seite 12

1 Lege und rechne mit Zehnern.

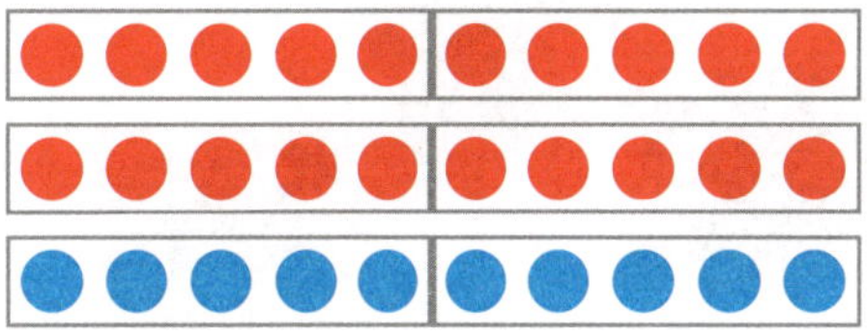

2Z + 1Z = 3Z

20 + 10 = 30

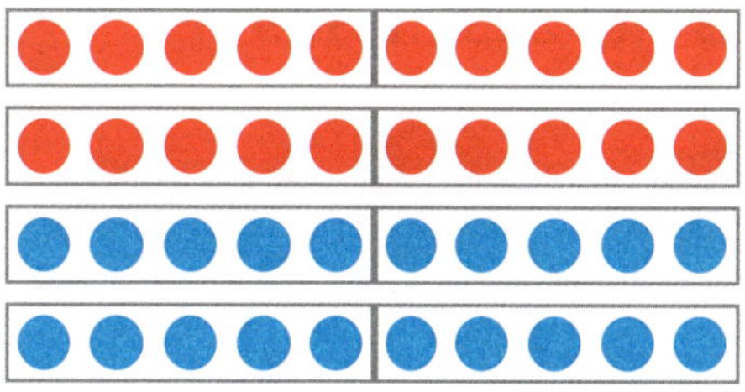

2Z + ___ Z = ___ Z

20 + ___ = ___

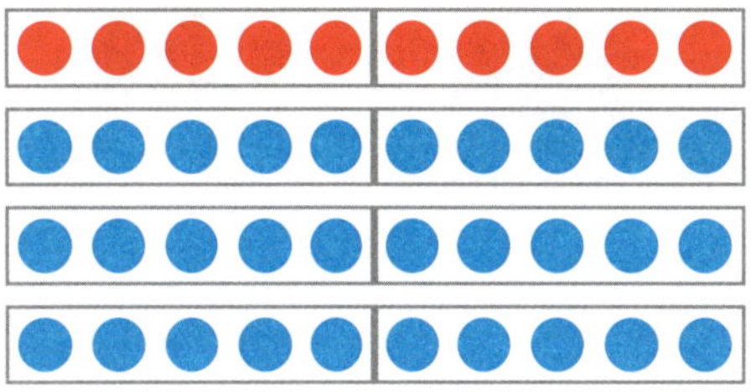

___ Z + ___ Z = ___ Z

___ + ___ = ___

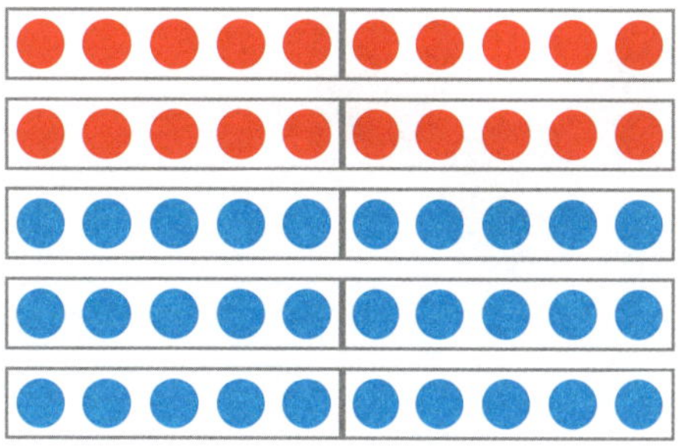

___ Z + ___ Z = ___ Z

___ + ___ = ___

2 Wie viele?

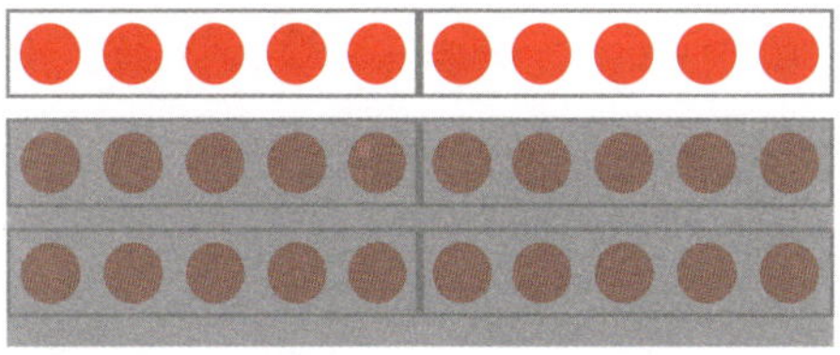

3Z – 2Z = ___ Z

30 – 20 = ___

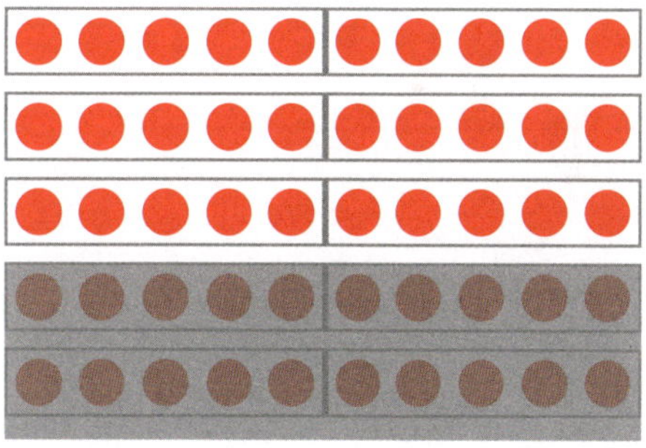

5Z – ___ Z = ___ Z

50 – ___ = ___

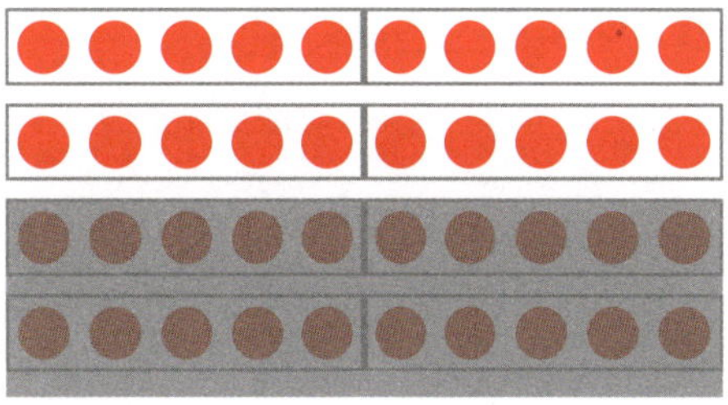

___ Z – ___ Z = ___ Z

___ – ___ = ___

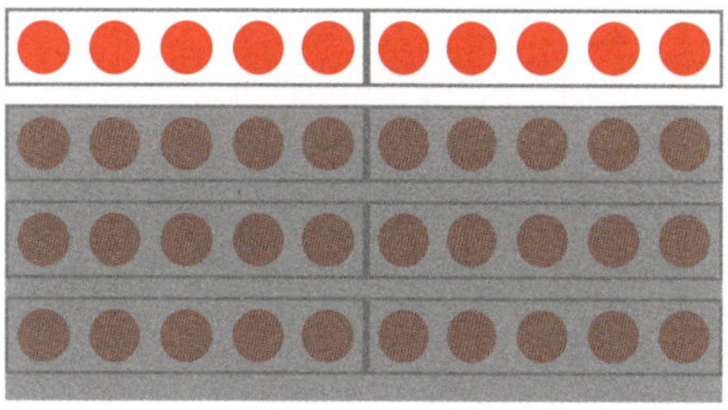

___ Z – ___ Z = ___ Z

___ – ___ = ___

1, 2 Zehnerstreifen legen, Analogien herstellen und mit Zehnern rechnen.

→ Schulbuch, Seite 13

Mit Geld rechnen

1 Wie viel zusammen?

1 € + 1 € + 1 € = ____

10 € + 10 € + 10 € = ____

____

____

____

____

2 Zeichne und rechne.

1 € + 2 € = ____

10 € + 20 € = ____

2 € + 2 € + 2 € = ____

20 € + 20 € + 20 € = ____

1 Plusaufgaben zu Geldbeträgen finden und rechnen. Mit den Kindern über die Gemeinsamkeiten und Unterschiede sprechen.
2 Münzen und Scheine passend malen. Summen berechnen. Dekadische Analogien nutzen.

→ Schulbuch, Seiten 14/15

Muster legen

1 Zeichne weiter.

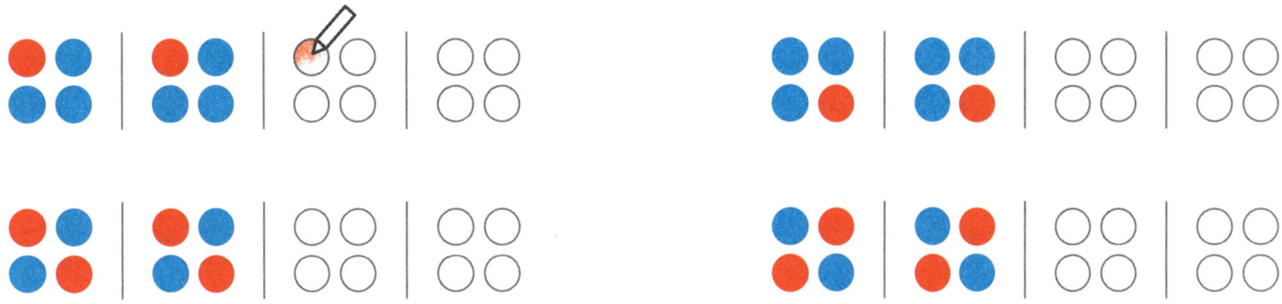

2 Zeichne weiter.

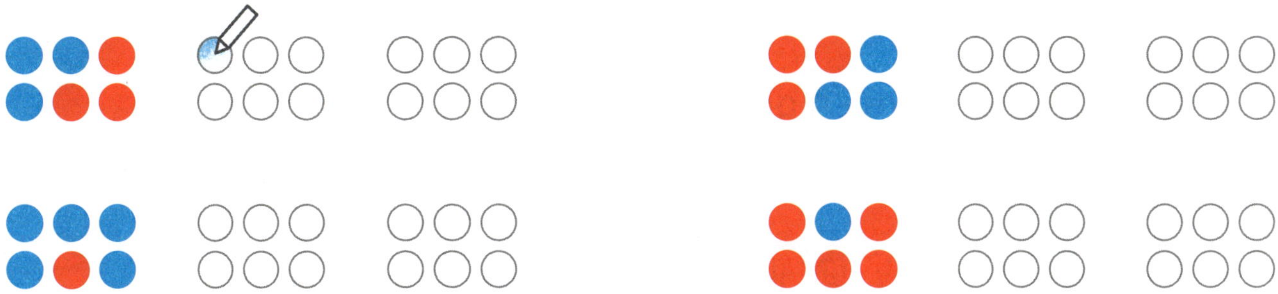

3 Setze fort. Zeichne. Schreibe die Aufgaben.

1. 2. 3. 4. 5.

1 + 1 | 2 + 2 | ___ + ___ | ___ + ___ | ___ + ___

4 1. 2. 3. 4. 5.

1 + 2 | 2 + 3 | ___ + ___ | ___ + ___ | ___ + ___

1 Muster erkennen und fortsetzen. *Startfigur* ist gegeben und Gliederung hilft bei der Orientierung. **2** Muster fortsetzen bei gegebener Startfigur. **3, 4** Wachsende Musterfolge fortsetzen, ggf. mit Plättchen legen und Aufgaben notieren.

→ Schulbuch, Seiten 16/17

Forschen und Finden: Zufallsexperimente

1 Würfle immer wieder mit einem Würfel.

Augenzahl	⚀	⚁	⚂	⚃	⚄	⚅
Anzahl						

Welche Augenzahlen kommen **oft** vor? ______

Welche Augenzahlen kommen **selten** vor? ______

2 Noah und Mila haben gewürfelt.

Augenzahl	⚀	⚁	⚂	⚃	⚄	⚅
Anzahl	𝍸 𝍸 II	𝍸 𝍸	𝍸 𝍸 I	𝍸 III	𝍸 𝍸	𝍸 IIII

Die 6 kommt selten vor.

Noah

Mila

Alle Zahlen kommen fast gleich oft vor.

Was fällt dir auf?

____

____

3 Eine Münze wird 20-mal geworfen.

Wie oft kommt  Bild? Wie oft kommt  Zahl?

Vermute:

Probiere:

Anzahl		

1 Zufallsexperimente mit einem Würfel durchführen. Sammeln der Ergebnisse in einer Strichliste. Ergebnisse deuten.
2 Tabellen deuten und Begründungen finden. 3 Zufallsexperimente mit einer Münze durchführen. Vermutungen anstellen und Ergebnisse in einer Strichliste dokumentieren.

→ Schulbuch, Seite 19

Rückblick

1 Einfache Plusaufgaben. Rechne.

= 10	mit 10	mit 5	doppelt
7 + 3 = ___	10 + 2 = ___	5 + 3 = ___	3 + 3 = ___
6 + 4 = ___	5 + 10 = ___	4 + 5 = ___	4 + 4 = ___

2 Einfache Minusaufgaben. Rechne.

10	5	10	halb
10 − 3 = ___	9 − 5 = ___	11 − 10 = ___	8 − 4 = ___
10 − 8 = ___	6 − 5 = ___	15 − 10 = ___	6 − 3 = ___

3 Mit Nachbaraufgaben rechnen.

9 + 1 = ___	4 + 6 = ___	2 + 5 = ___	2 + 10 = ___
9 + 2 = ___	5 + 6 = ___	2 + 4 = ___	2 + 9 = ___

4 Mit Nachbaraufgaben rechnen.

10 − 5 = ___	6 − 5 = ___	12 − 10 = ___	6 − 3 = ___
9 − 5 = ___	6 − 6 = ___	12 − 9 = ___	6 − 2 = ___

5 Wie viele?

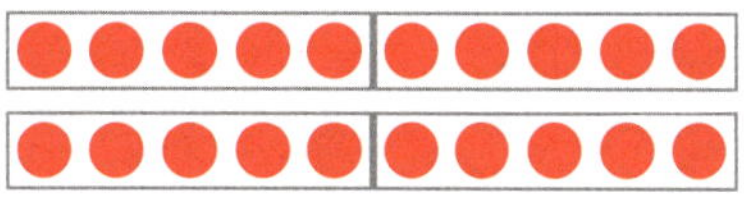

Z = ___

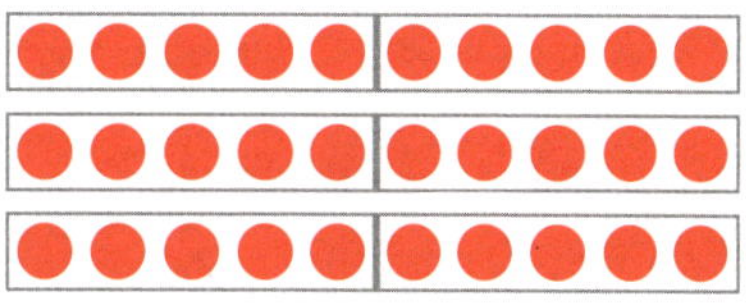

Z = ___

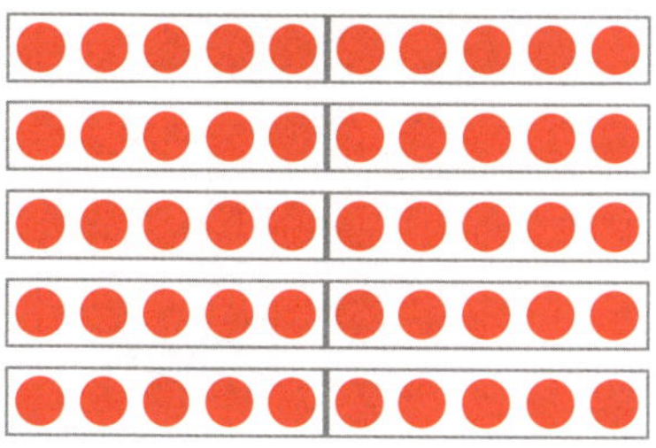

Z = ___

Wesentliche Inhalte des Kapitels noch einmal reflektieren, die eigenen Kompetenzen einschätzen.

→ Schulbuch, Seiten 20/21

Körper in der Umwelt

1

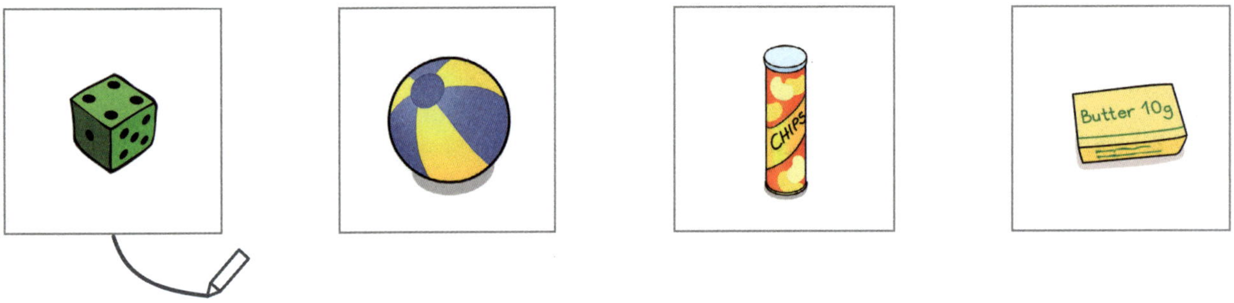

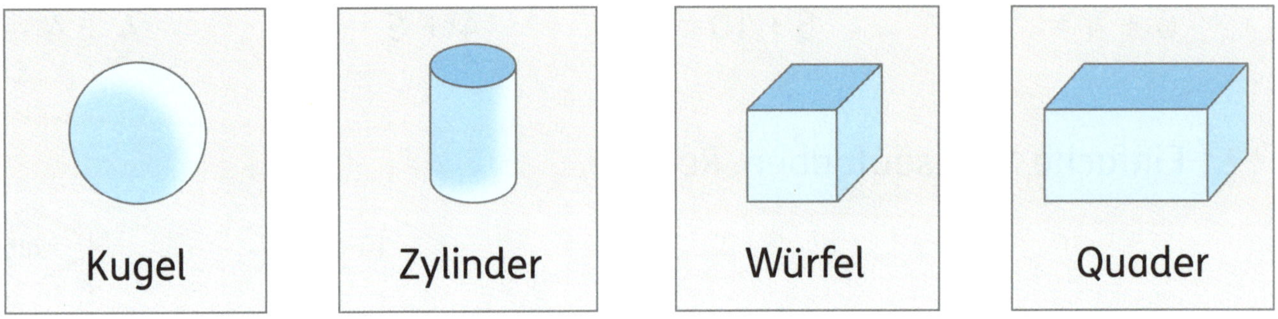

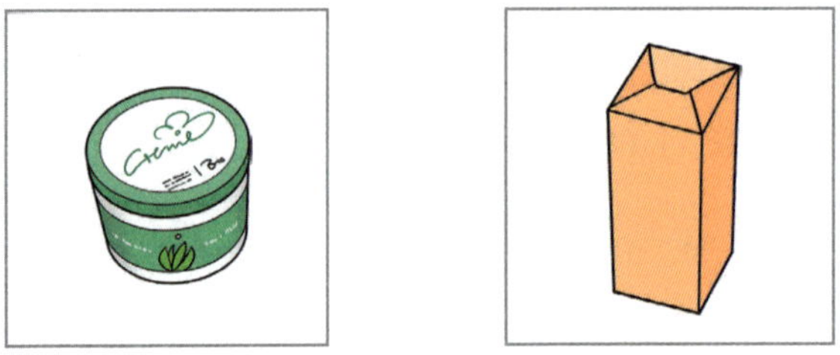

2 Das ist ein Quader.

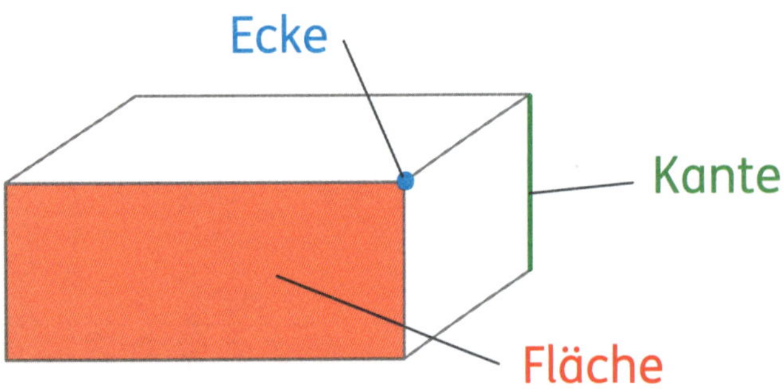

____ Flächen

____ Ecken

____ Kanten

Das ist ein besonderer Quader.
Ein Würfel.

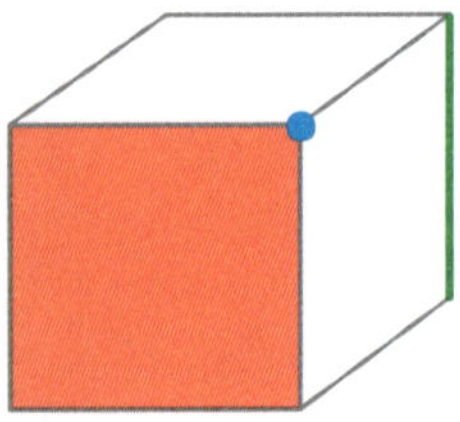

____ Flächen

____ Ecken

____ Kanten

1 Verschiedene Gegenstände den Köperformen zuordnen. **2** Mithilfe der Abbildung die Begriffe *Fläche, Ecke* und *Kante* wiederholen. Die Steckbriefe vervollständigen. Den *Würfel* als besonderen *Quader* erkennen und beschreiben.

→ Schulbuch, Seiten 22/23

Würfelgebäude

1 Baue auf dem Bauplan. Vergleiche.

1	2	3

3	2	1

2	3	2

1	2	1

2 Baue nach und schreibe den Bauplan.

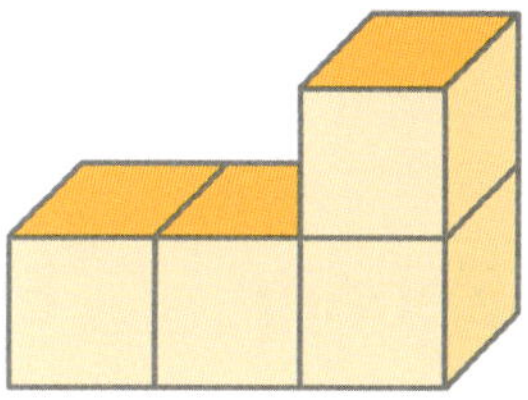

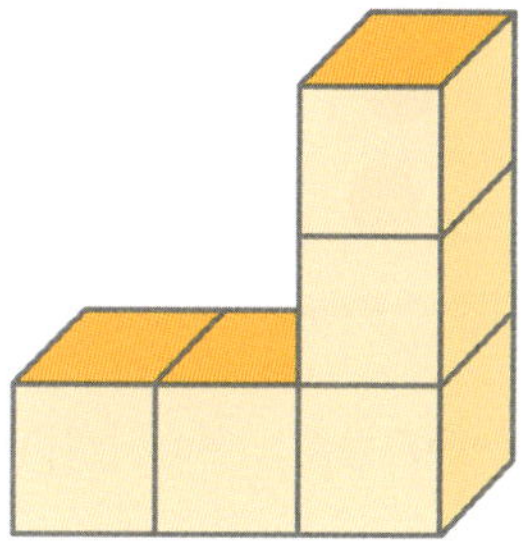

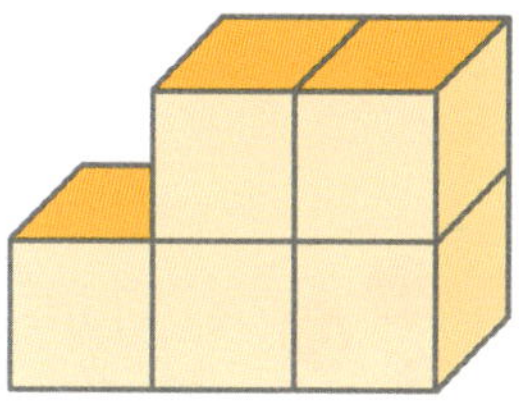

1 Mit 2 x 2 cm-Würfeln im Heft nach Vorgabe bauen. Die entstandenen Würfelgebäude miteinander vergleichen.
2 Würfelgebäude nachbauen und den entsprechenden Bauplan ausfüllen.

→ Schulbuch, Seiten 24/25

Zählen, Bündeln und Schätzen

1 Bündle immer 10.

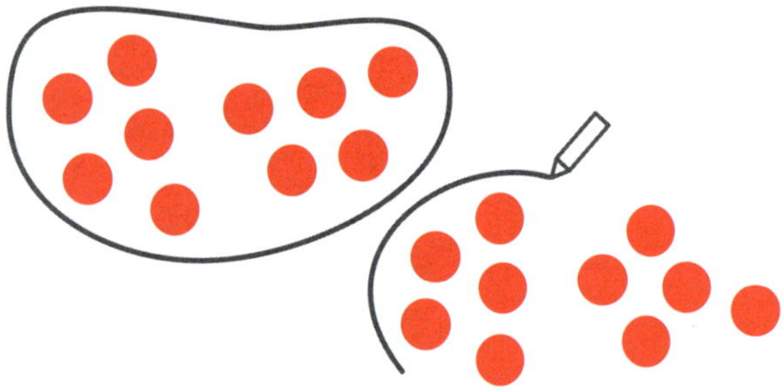

2 Zehner = 20

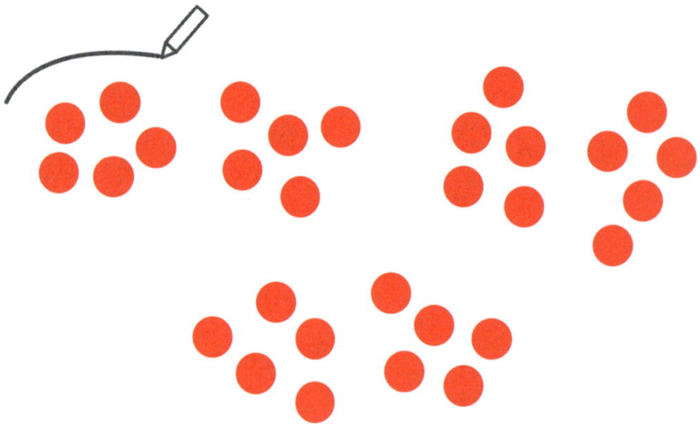

___ Zehner = ___

2 Wie viele?

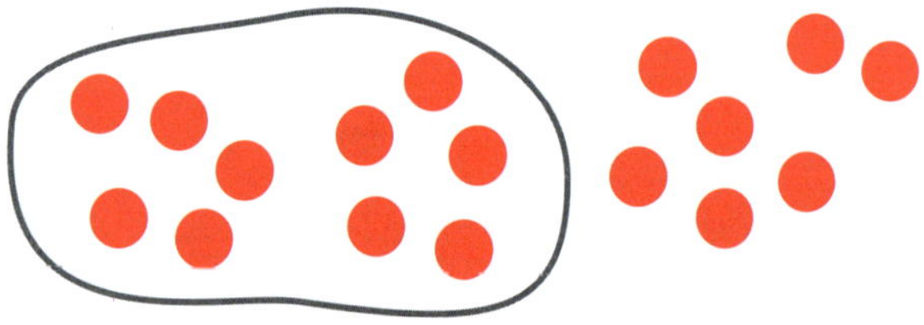

1 Zehner 7 Einer

17

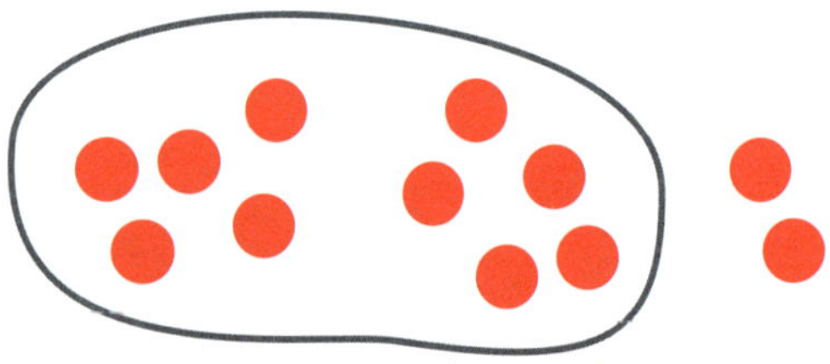

___ Zehner ___ Einer

___

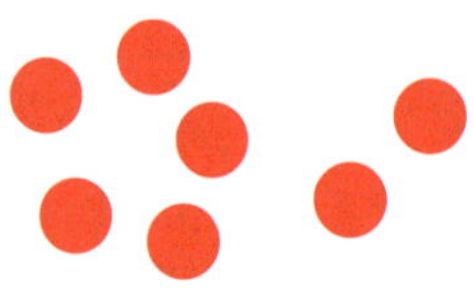

___ Zehner ___ Einer

___

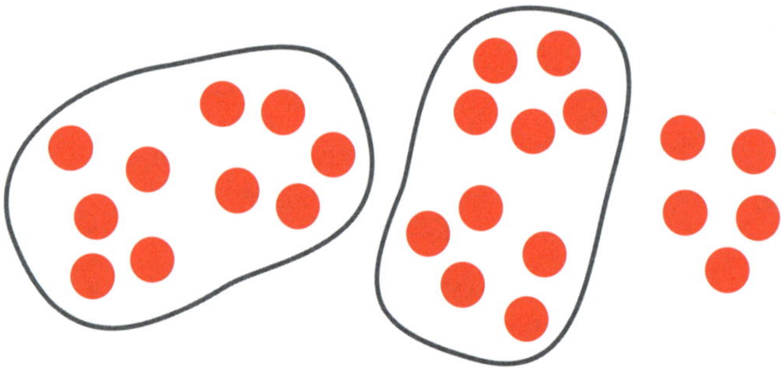

___ Zehner ___ Einer

___

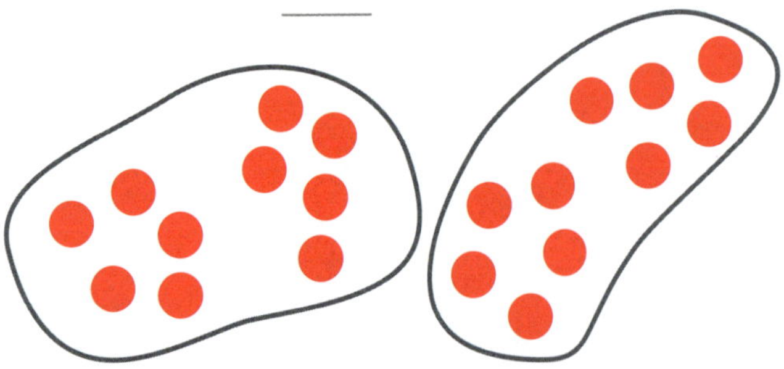

___ Zehner ___ Einer

___

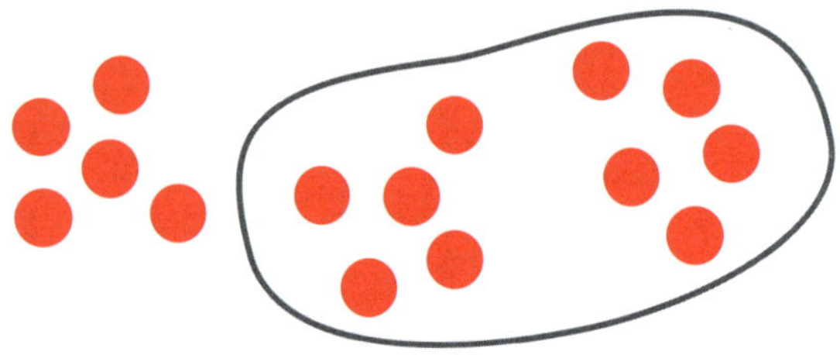

___ Zehner ___ Einer

___

1 Zehnermengen einkreisen. Gesamtanzahl bestimmen. **2** Zehner und Einer erkennen. Gesamtanzahl bestimmen. Anzahlen vergleichen.

→ Schulbuch, Seiten 26/27

Zählen, Bündeln und Schätzen

1 Bündle immer 10. Wie viele?

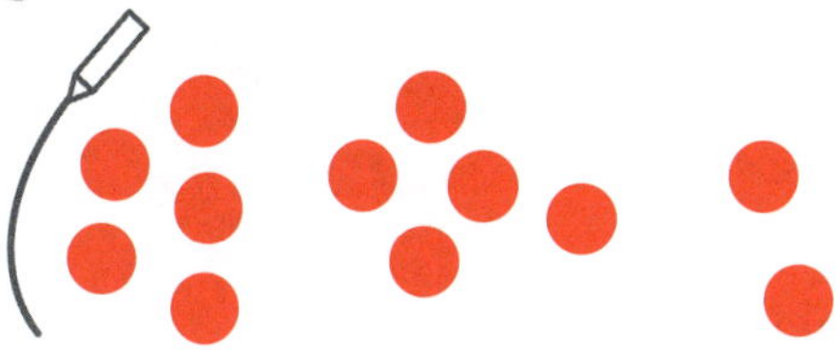

____ Zehner ____ Einer

____

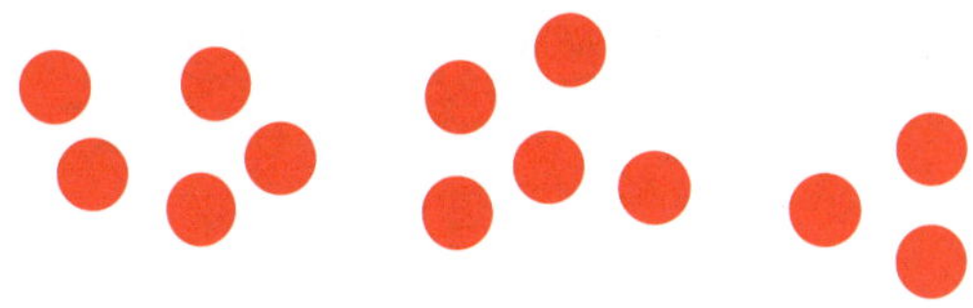

____ Zehner ____ Einer

____

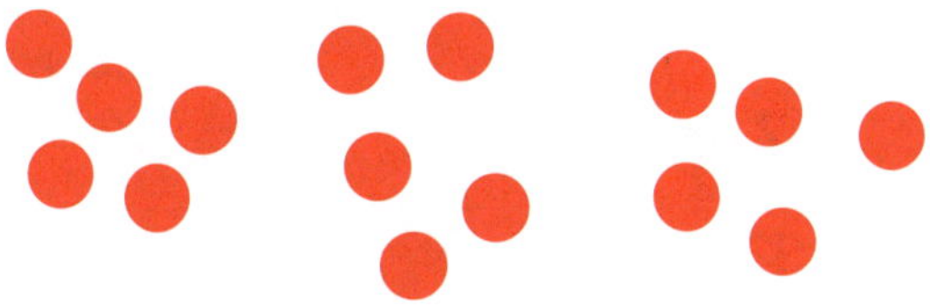

____ Zehner ____ Einer

____

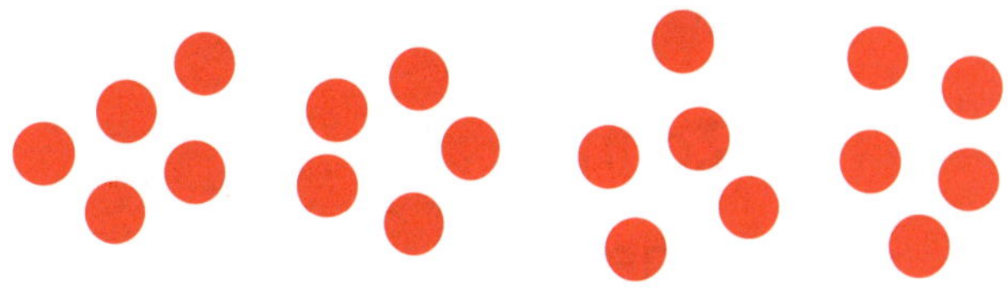

____ Zehner ____ Einer

____

2 Verbinde.

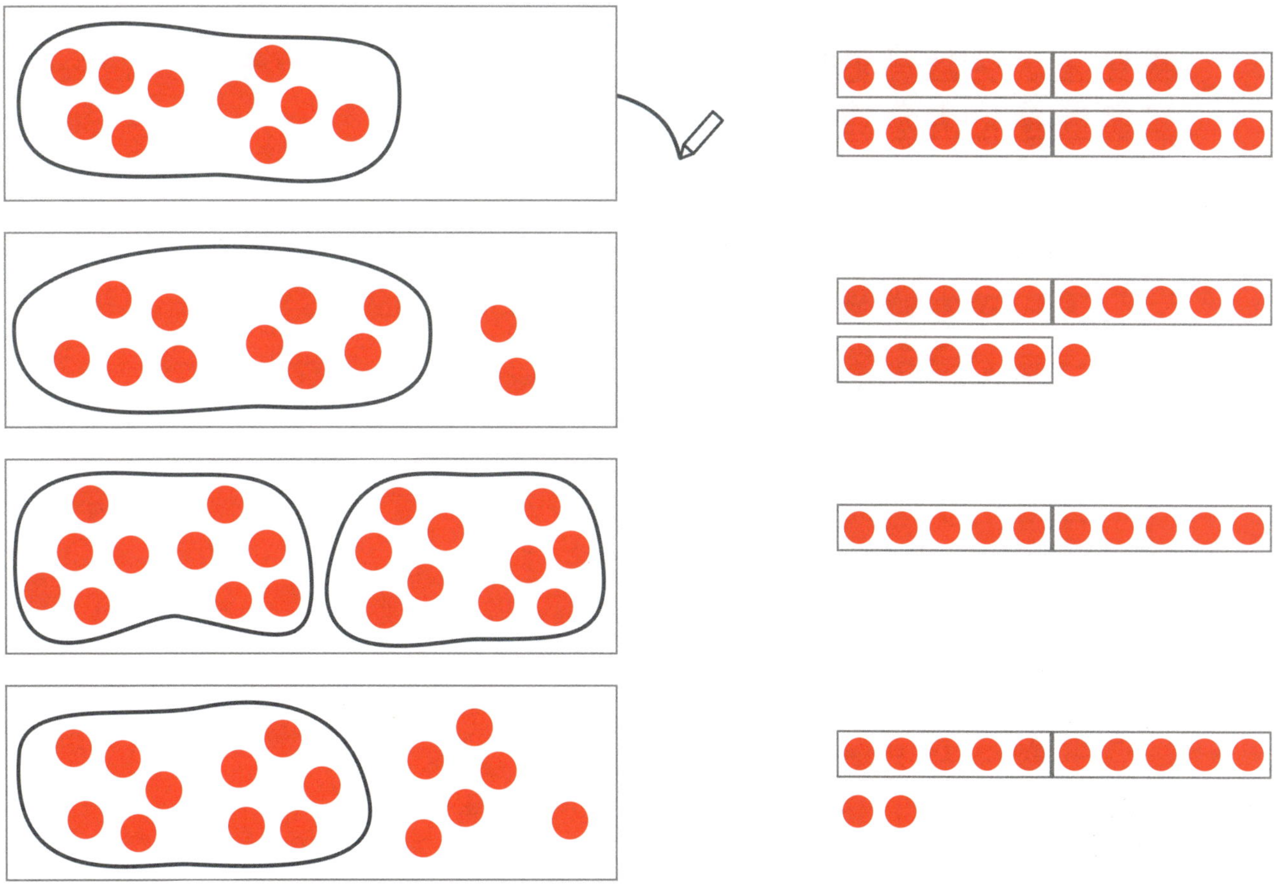

1 Zehner und Einer erkennen. Gesamtanzahl bestimmen. **2** Mengen gleicher Mächtigkeit erkennen und verbinden.

→ Schulbuch, Seiten 26/27

Die Zahlen bis 25

1 Wie viele Zehner (**Z**), wie viele Einer (**E**)?

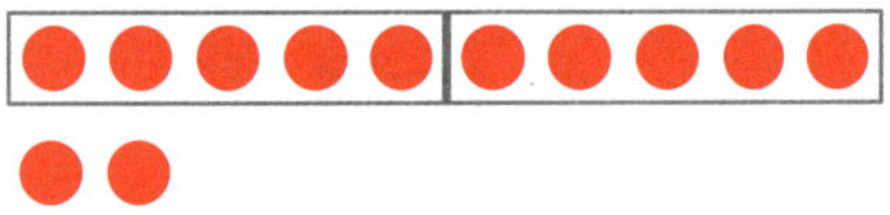

1 **Z**ehner
2 **E**iner
12

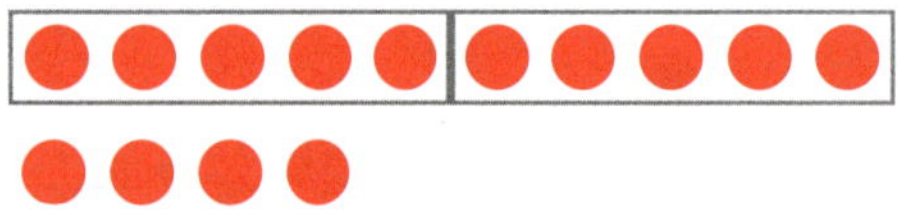

___ **Z**ehner
___ **E**iner
___

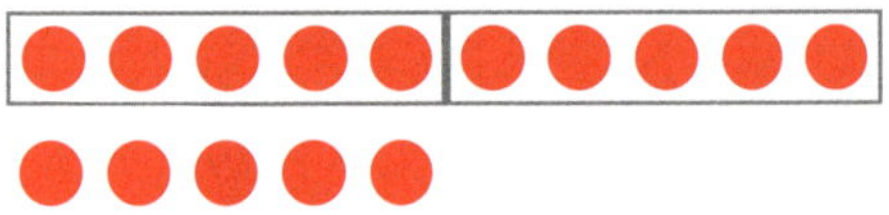

___ **Z**ehner
___ **E**iner
___

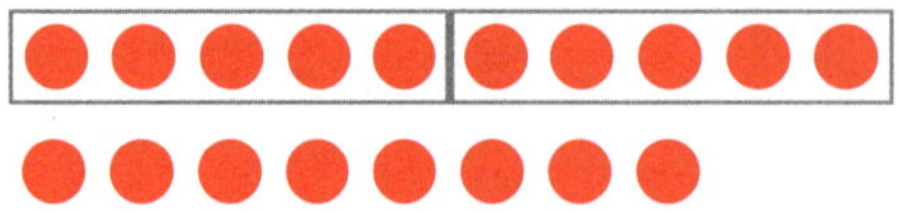

___ **Z**ehner
___ **E**iner
___

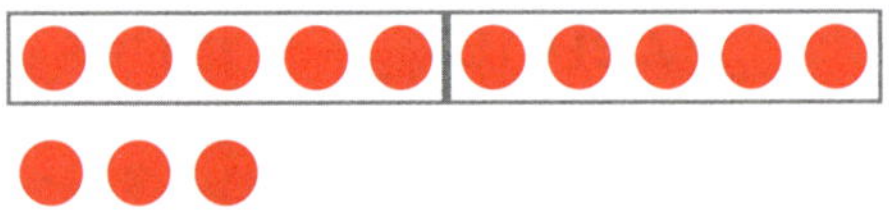

___ **Z**ehner
___ **E**iner
___

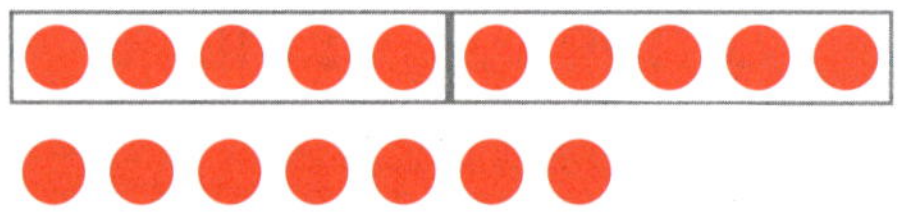

___ **Z**ehner
___ **E**iner
___

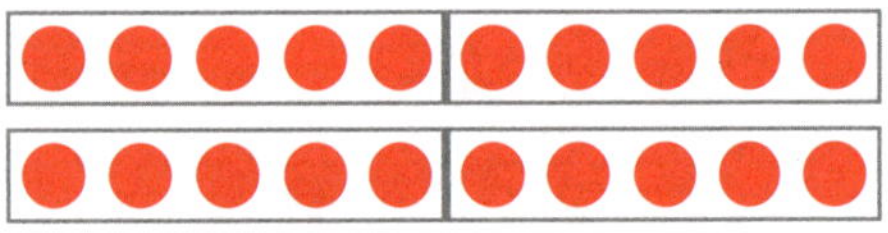

___ **Z**ehner
___ **E**iner
___

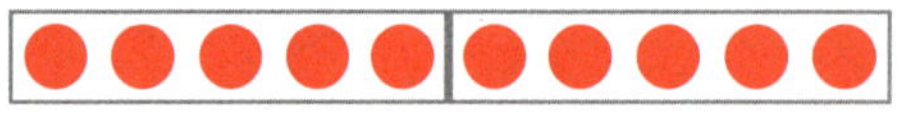

___ **Z**ehner
___ **E**iner
___

2 Zeichne Zehner und Einer.

1 **Z**ehner
6 **E**iner
___

___ **Z**ehner
___ **E**iner
11

1 Zahlen in Zehner und Einer zerlegen. Unterschiede zwischen einem Zehner und zehn Einern bewusst machen. 2 Zahlen als Zehner und Einer darstellen. Dabei bekannte Darstellung in Zehnerstreifen nutzen.

→ Schulbuch, Seiten 28/29

Die Zahlen bis 25

1 Lege und vergleiche.

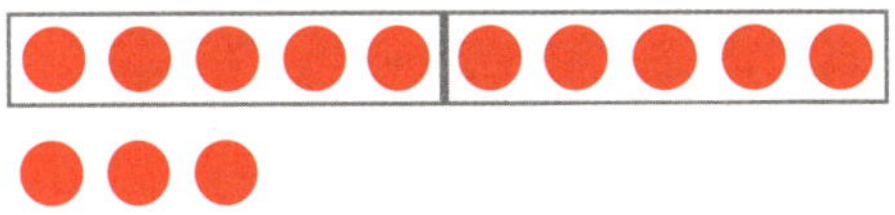

10 | 3

10 + 3 = 13

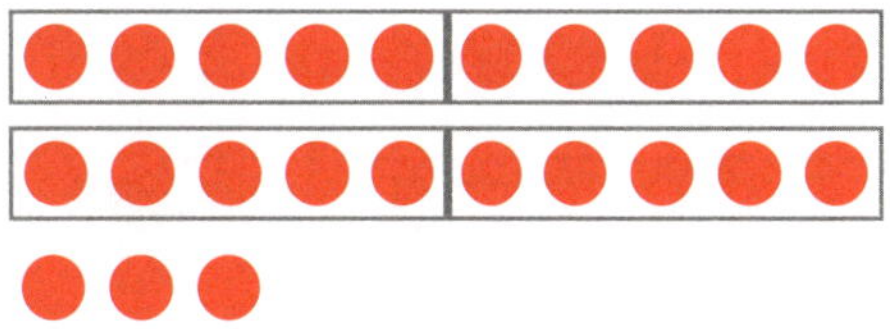

20 | 3

20 + ___ = 23

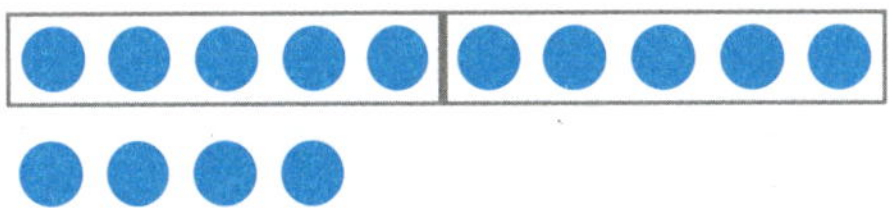

☐ ☐

___ + ___ = 14

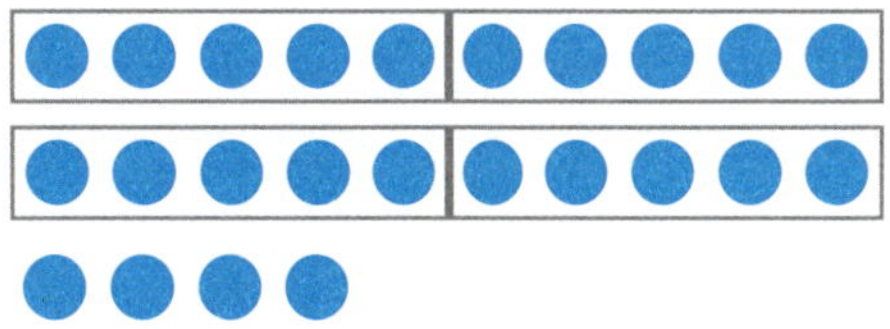

☐ ☐

___ + ___ = 24

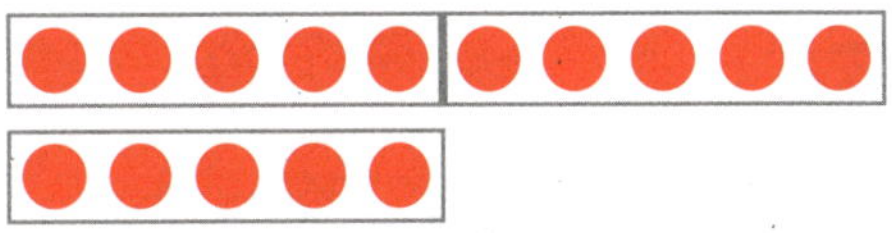

☐ ☐

___ + ___ = 15

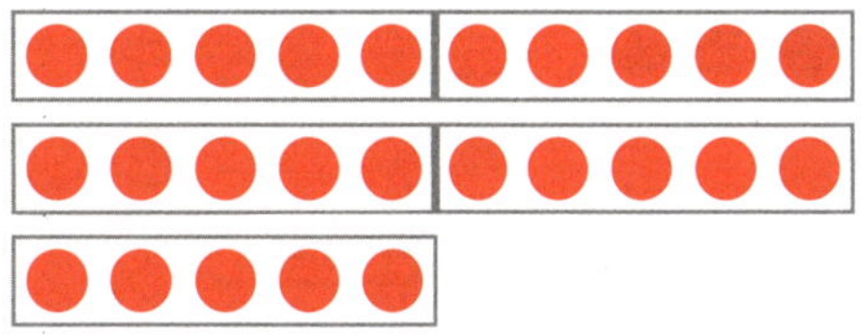

☐ ☐

___ + ___ = 25

2 Lege und vergleiche.

___ + ___ = 13
___ + ___ = 23

___ + ___ = 12
___ + ___ = 22

___ + ___ = 11
___ + ___ = 21

___ + ___ = 14
___ + ___ = 24

Marta Till

3 Rechne.

10 + 5 = ___	10 + 8 = ___	20 + 2 = ___	5 + 10 = ___
20 + 5 = ___	10 + 4 = ___	20 + 3 = ___	11 + 10 = ___
5 + 5 = ___	10 + 2 = ___	20 + 4 = ___	15 + 10 = ___

1, 2 Zahlen mit Zehnerstreifen und Plättchen sowie mit Zahlenkarten darstellen, ggf. legen. Zerlegung in Zehner und Einer notieren. **3** Zahlen aus Zehnern und Einern zusammensetzen, ggf. unter Zuhilfenahme der Zahlenkarten.

→ Schulbuch, Seiten 28/29

1 Zerlege.

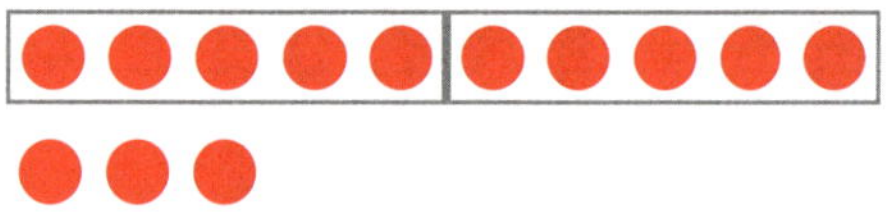

10 | 10 + 3 = 13

3 | 3 + 10 = 13

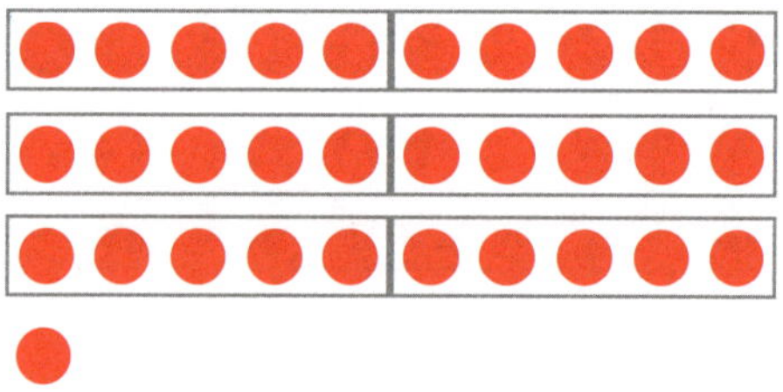

☐ | 30 + ___ = 31

☐ | ___ + ___ = 31

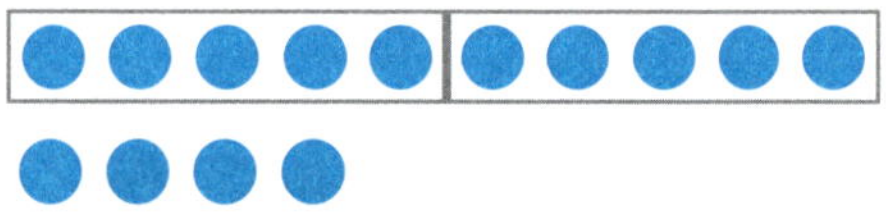

☐ | ___ + ___ = 14

☐ | ___ + ___ = 14

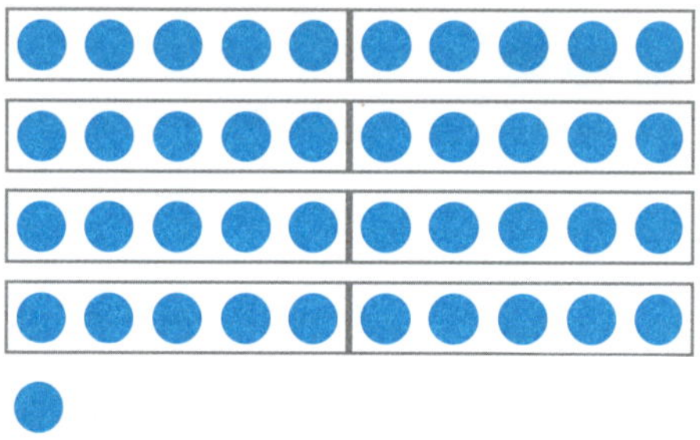

☐ | ___ + ___ = ___

☐ | ___ + ___ = ___

2

10 | 10 + 5 = 15

5 | 5 + 10 = 15

10 | ___ + ___ = ___

6 | ___ + ___ = ___

10 | ___ + ___ = ___

7 | ___ + ___ = ___

10 | ___ + ___ = ___

8 | ___ + ___ = ___

50 | 50 + ___ = 51

1 | ___ + ___ = ___

60 | ___ + ___ = ___

1 | ___ + ___ = ___

70 | ___ + ___ = ___

1 | ___ + ___ = ___

80 | ___ + ___ = ___

1 | ___ + ___ = ___

1, 2 Zahlen aus Zehnern und Einern zusammensetzen und zerlegen. Aufgaben notieren und Tauschaufgaben bilden. Zahlenkarten nutzen, ggf. legen. Die Sprechweise der Umkehrzahlen thematisieren.

→ Schulbuch, Seiten 28/29

1 Wie viele?

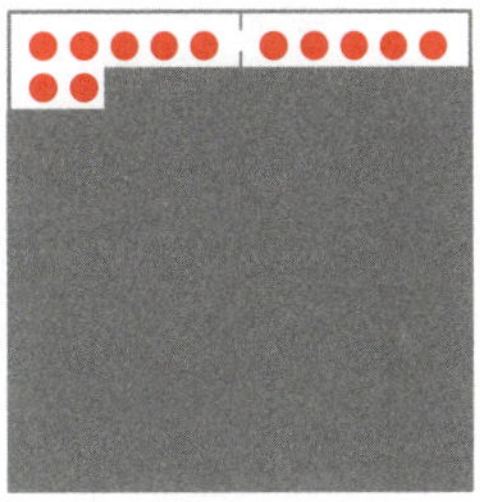

____

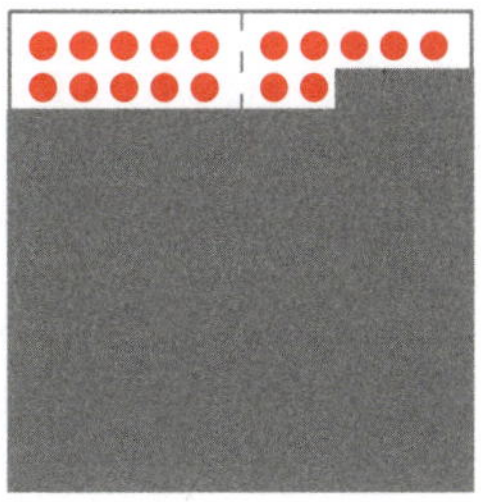

____

____

____

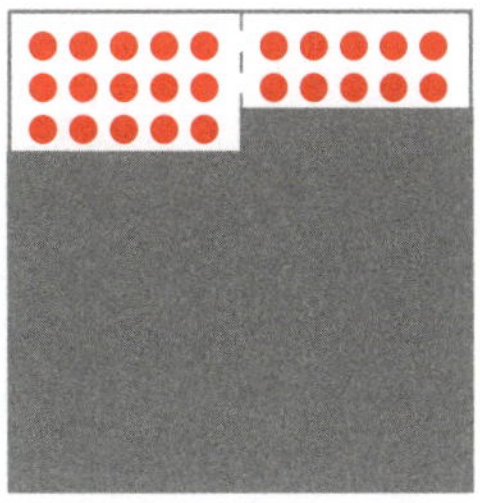

____

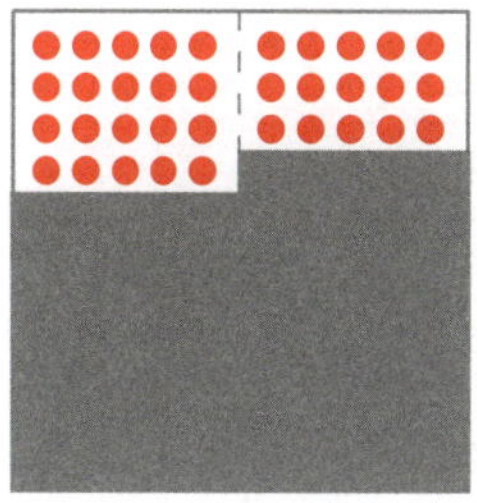

____

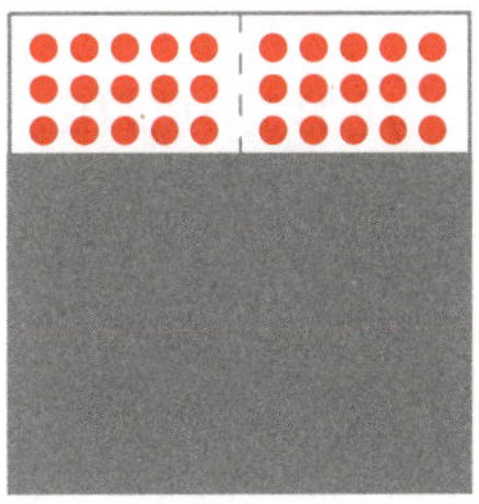

____

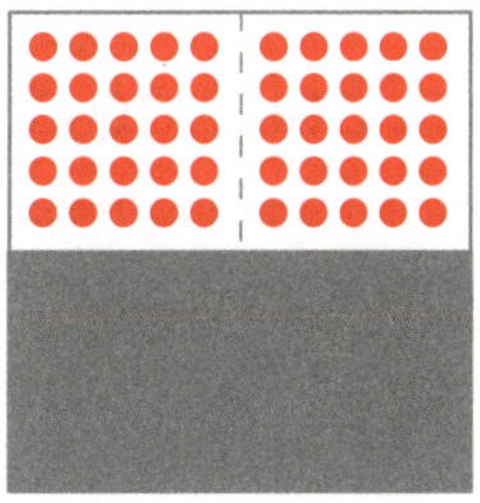

____

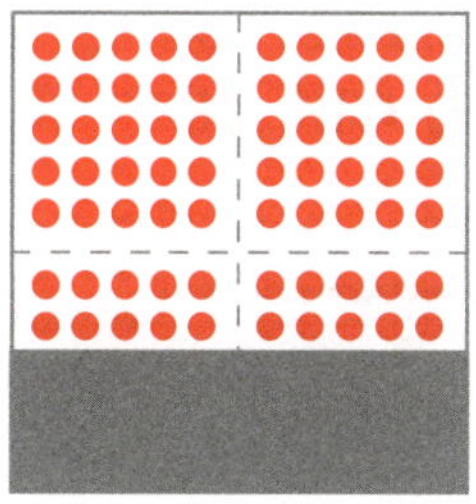

____

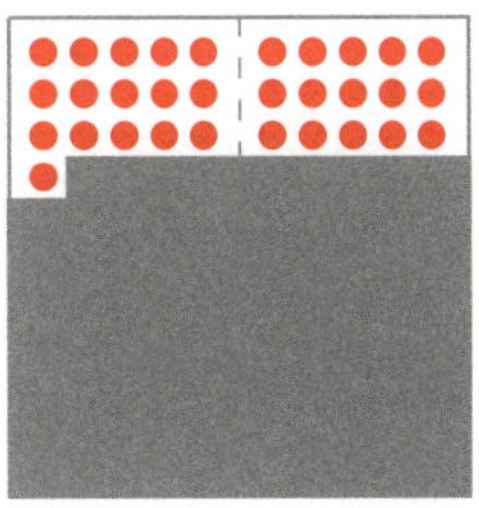

____

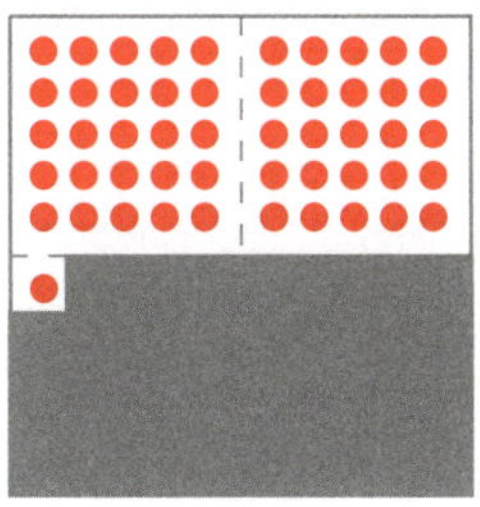

____

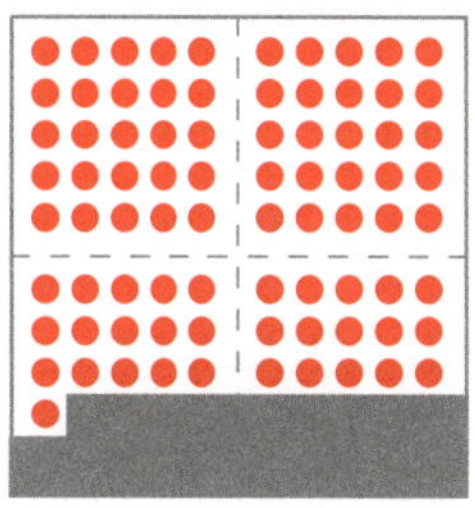

____

2 Zeige mit dem Winkel am Feld. Beschreibe.

a) 10 20 30

b) 100 90 80

c) 11 12 13

d) 20 19 18

1 Zahlen am Hunderterfeld zeigen, lesen und vergleichen. 2 Zahlveränderungen durch Verschieben des Abdeckwinkels auf dem Hunderterfeld erkennen und beschreiben.

→ Schulbuch, Seiten 30/31

Das Hunderterfeld

1 Zeichne die Zahlbilder. Schreibe die Zahlen.

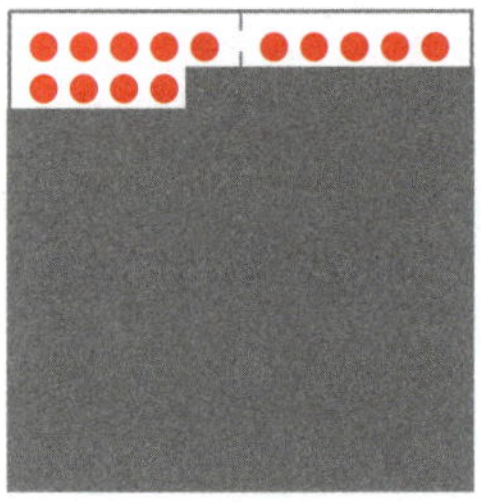

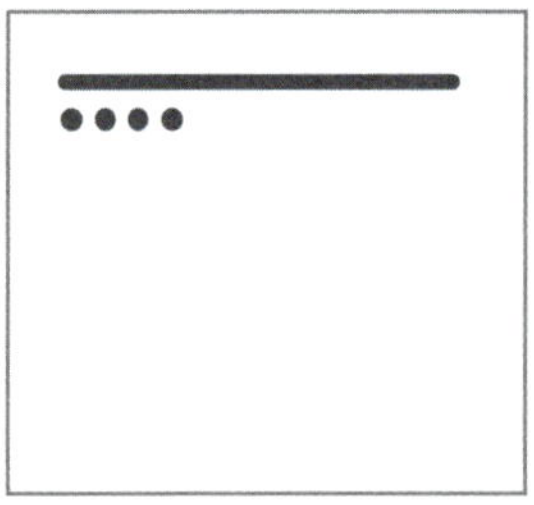

14

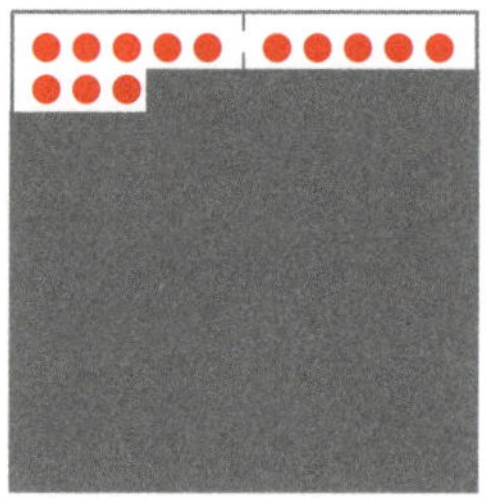

___

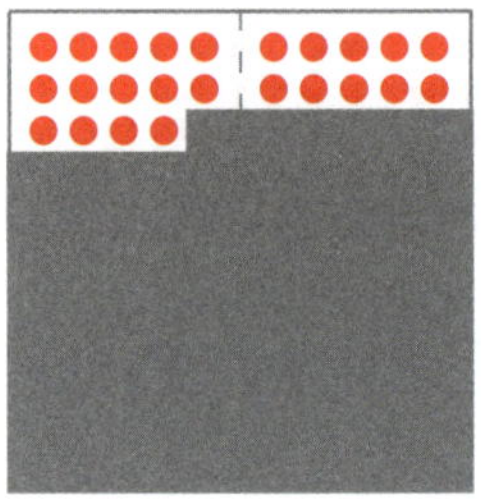

___

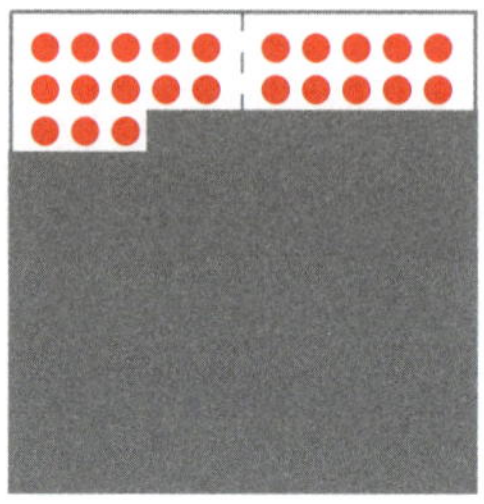

___

2 Zeige mit dem Winkel am Feld. Zeichne die Zahlbilder. Vergleiche.

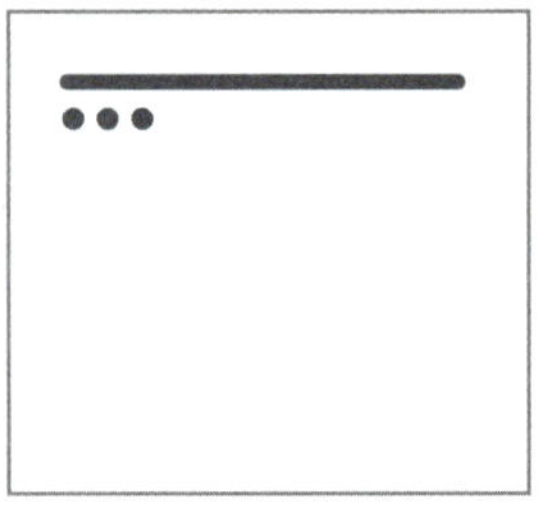

13

31

15

51

17

71

12

21

Was fällt dir auf? ____

____

1 Zahlen am Hunderterfeld lesen und die passenden Zahlbilder zeichnen. 2 Zahlbilder zu Umkehrzahlen zeichnen. Zahlen vergleichen und die Veränderung von Zehnern und Einern beschreiben, ggf. Sprechweise der Zahlen wiederholen.

→ Schulbuch, Seiten 30/31

Ergänzen

1 Immer 20.

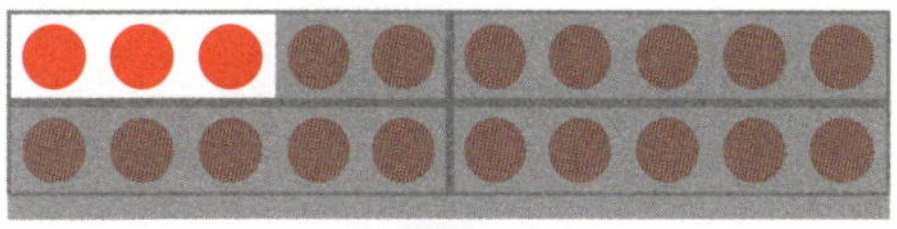

3 + ___ = 20

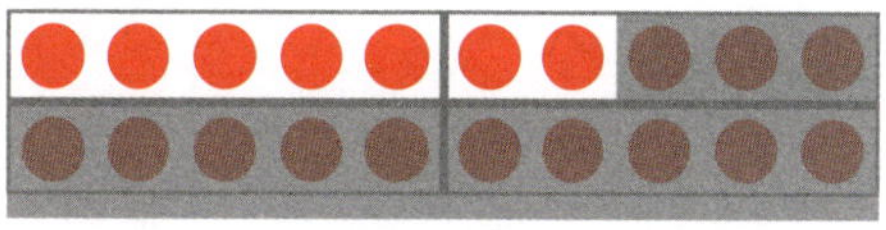

7 + ___ = 20

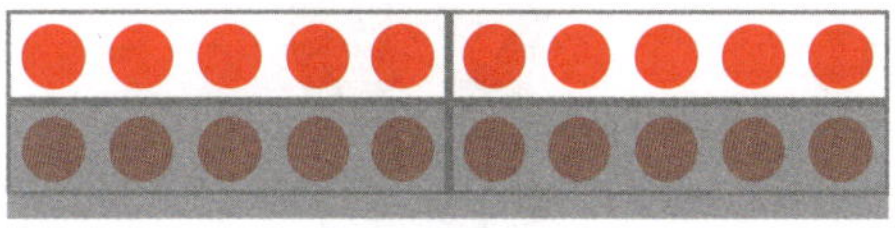

10 + ___ = 20

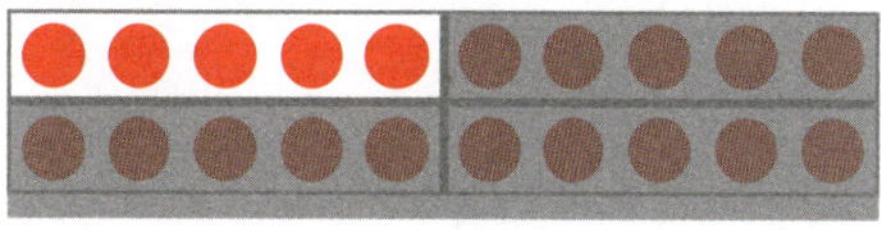

5 + ___ = 20

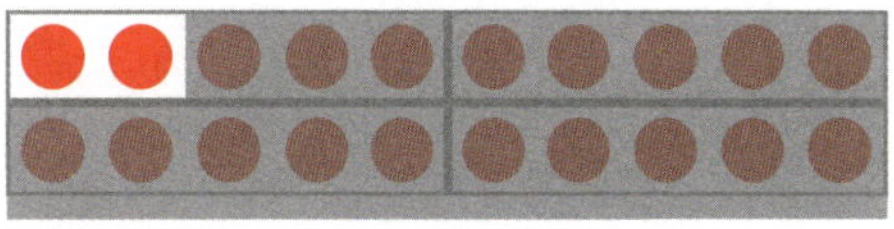

2 + ___ = 20

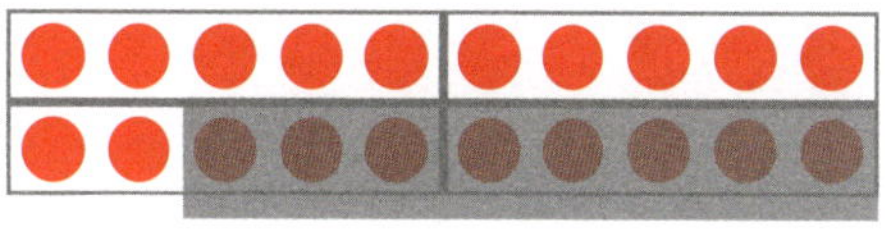

12 + ___ = 20

2 Immer 20. Zeichne und ergänze.

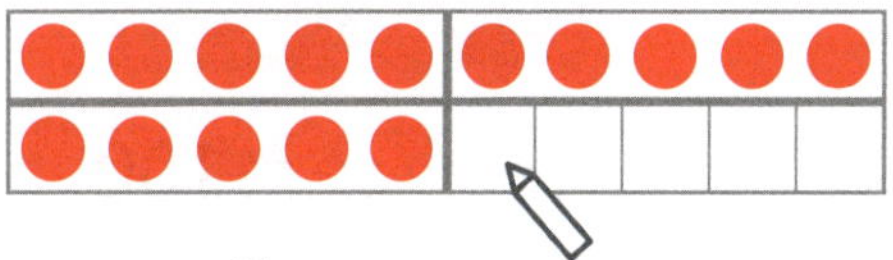

15 + 5 = 20

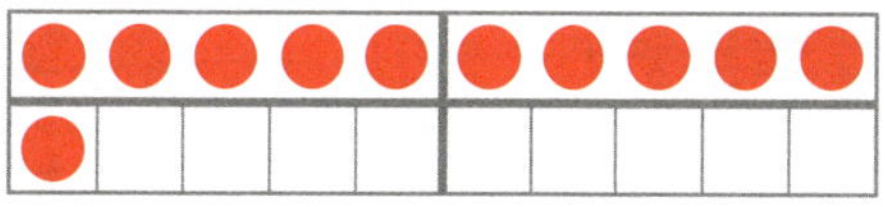

11 + ___ = 20

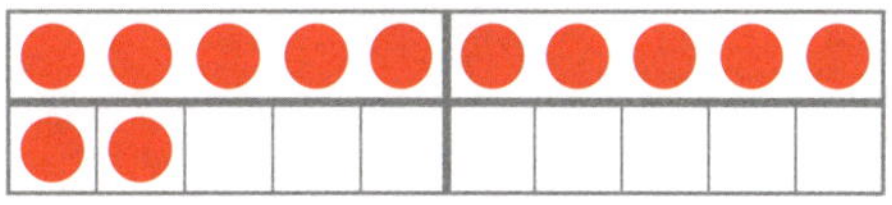

12 + ___ = 20

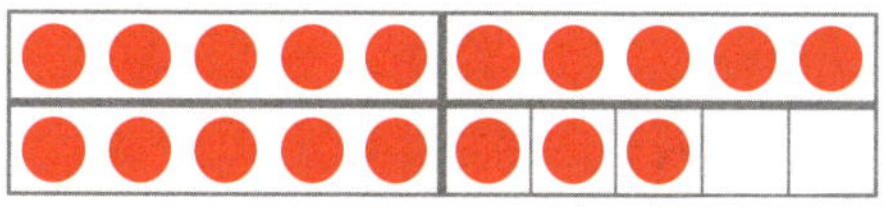

18 + ___ = 20

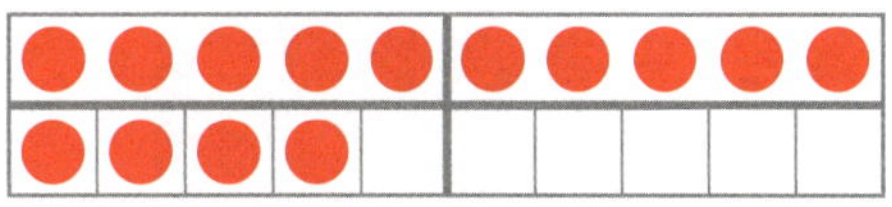

___ + ___ = 20

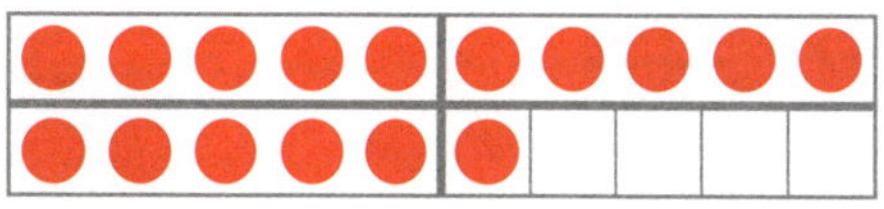

___ + ___ = 20

3 Rechne. Was fällt dir auf?

2 + ___ = 20	18 + ___ = 20	9 + ___ = 20	11 + ___ = 20
3 + ___ = 20	17 + ___ = 20	8 + ___ = 20	12 + ___ = 20
4 + ___ = 20	16 + ___ = 20	7 + ___ = 20	13 + ___ = 20
5 + ___ = 20	15 + ___ = 20	6 + ___ = 20	14 + ___ = 20

1 Ergänzen bis 20 mithilfe eines Abdeckwinkels. Struktur des Feldes hervorheben: Wie kann man, ohne abzuzählen, die Anzahl der abgedeckten Plättchen herausbekommen? 2 Aufgaben durch Ergänzen lösen, ggf. legen oder zeichnen. Zählen vermeiden. Weitere Aufgaben selbständig finden. 3 Geschicktes Ausrechnen durch Nutzen von aufeinanderfolgenden Aufgaben.

→ Schulbuch, Seiten 30/31

Ergänzen

90 + 10 = 100

Ben

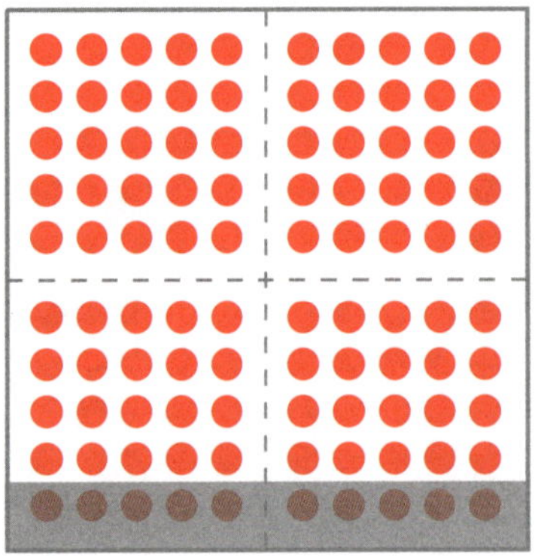

90 + 10 = 100

9**Z** + 1 **Z** = 10**Z**

9 Zehner + 1 Zehner = 10 Zehner

Lilly

1 Immer 100. Ergänze.

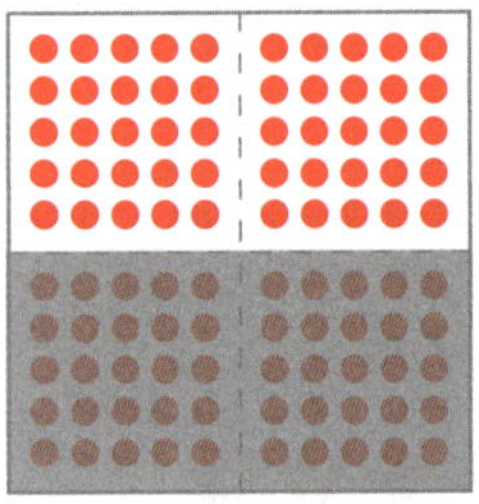

50 + ____ = 100

5**Z** + ____ **Z** = 10**Z**

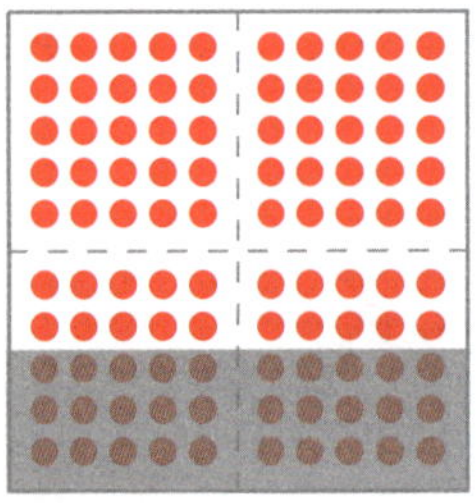

70 + ____ = 100

7**Z** + ____ **Z** = 10**Z**

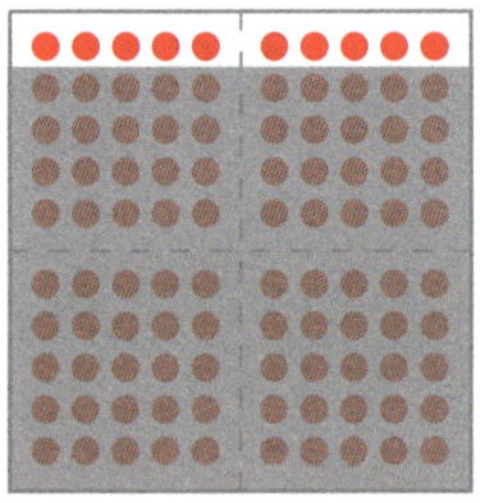

10 + ____ = 100

1**Z** + ____ **Z** = 10**Z**

2 Immer 100.

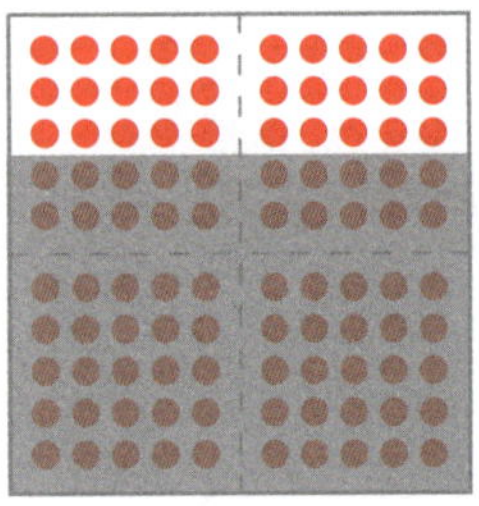

30 + ____ = 100

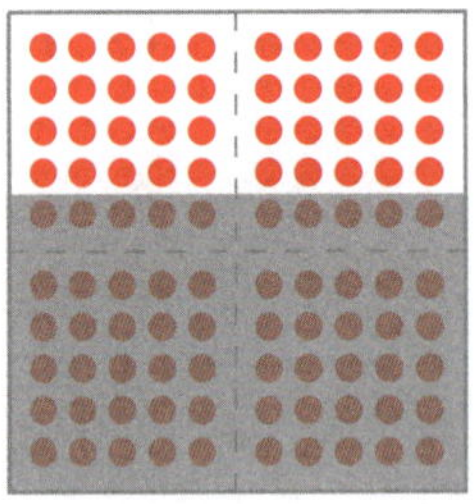

40 + ____ = 100

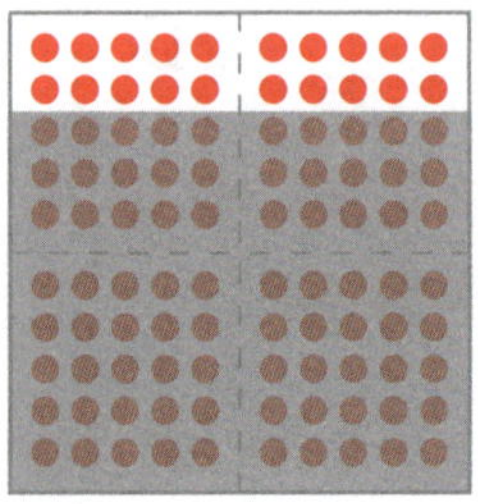

20 + ____ = 100

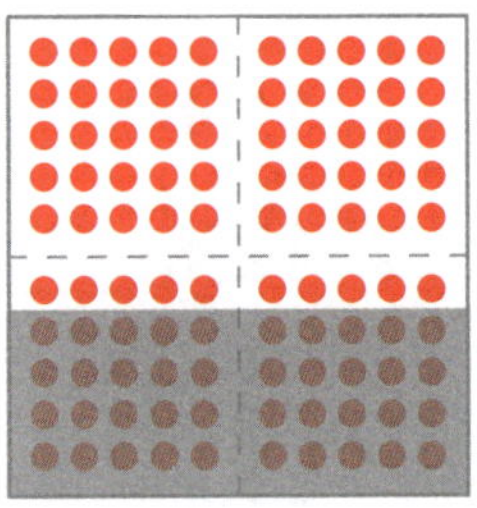

____ + ____ = 100

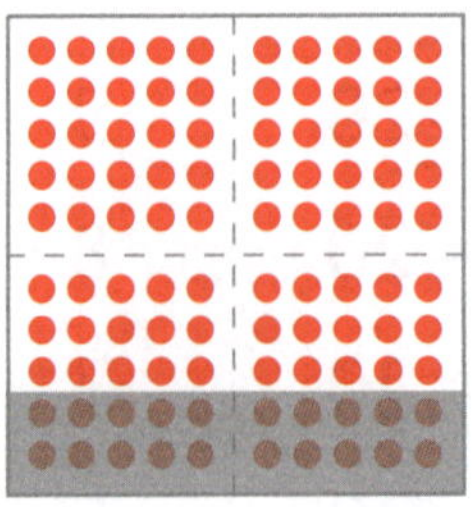

____ + ____ = 100

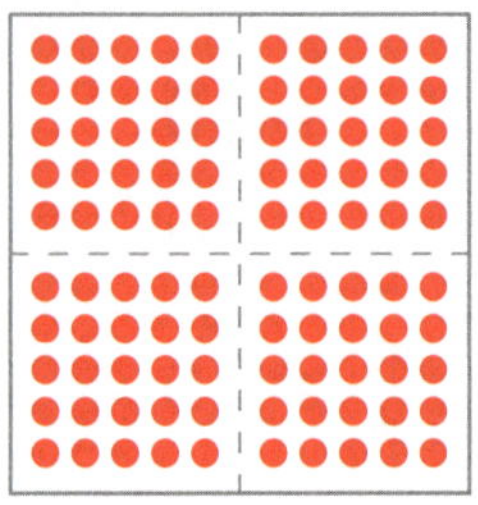

____ + ____ = 100

1, 2 Ergänzen bis 100 am Hunderterfeld. Analogieaufgaben im kleineren Zahlenraum nutzen. Struktur des Feldes hervorheben: Wie kann man, ohne abzuzählen, die Anzahl der abgedeckten Plättchen herausbekommen?

→ Schulbuch, Seiten 30/31

Der Zahlenstrahl bis 100

1 Verbinde.

13 16 17 21 23

11 ● ● ● 15 ● ● ● ● 20 ● ● ● ● 25

12 14 18 19 22 24

2 Welche Zahlen fehlen? Trage ein.

6 7 ◯ ◯ ◯ ◯ 10 ◯ ◯ ◯

◯ 17 ◯ ◯ ◯ ◯ 20 ◯ ◯ ◯

◯ 12 ◯ ◯ ◯ ◯ 15 ◯ ◯ ◯

3 Finde die Nachbarzahlen.

14 15 ◯ ◯ 18 ◯ ◯ 21 ◯

15 − 1 = 14 18 − 1 = ___ 21 − 1 = ___

15 + 1 = ___ 18 + 1 = ___ 21 + 1 = ___

◯ 24 ◯ ◯ ◯ ◯ ◯ ◯ ◯

24 − 1 = ___ ___ − 1 = ___ ___ − 1 = ___

24 + 1 = ___ ___ + 1 = ___ ___ + 1 = ___

1 Zahlen mit der Zahlenreihe von 11 bis 25 verbinden. Die vorgegebenen Zahlen bieten Orientierung. **2** Ausschnitte aus der Zahlenreihe vervollständigen. **3** *Vorgänger* und *Nachfolger* bestimmen. Einfache Aufgaben ‚mit 1' rechnen. Bestimmung des Nachfolgers durch +1 und des Vorgängers durch −1.

→ Schulbuch, Seiten 32/33

Der Zahlenstrahl bis 100

1 Trage Zehnerzahlen ein.

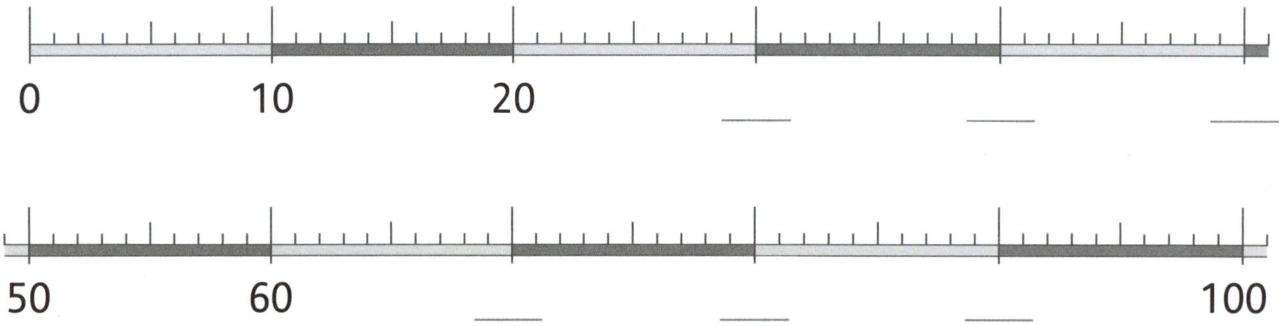

2 Finde Nachbarzahlen.

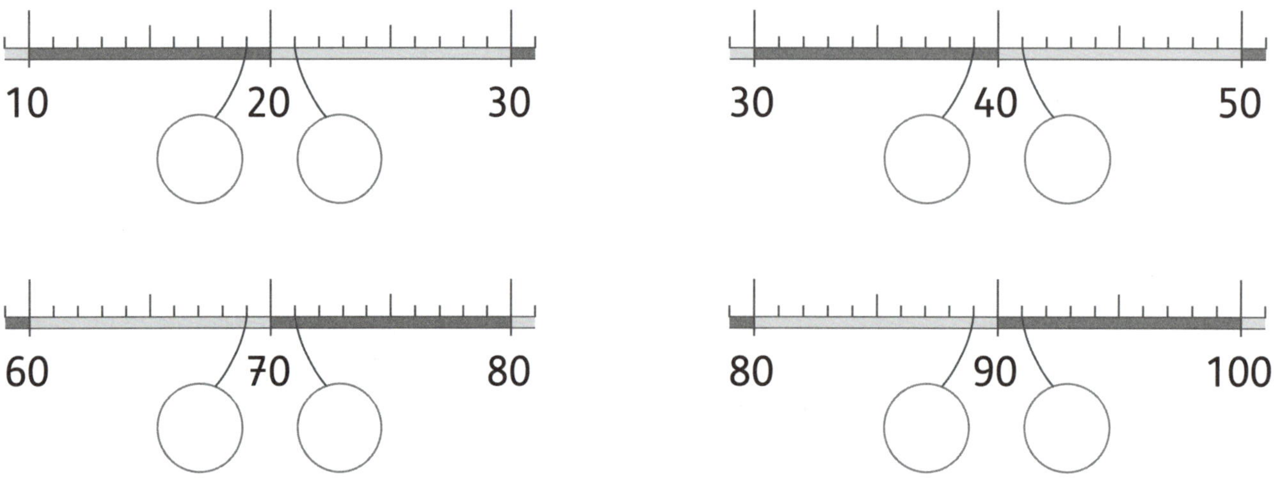

1 Zehnerzahlen am Zahlenstrahl eintragen. **2** Nachbarzahlen von Zehnerzahlen finden.

→ Schulbuch, Seiten 32/33

Der Rechenstrich

1 Trage die Zahlen ungefähr ein.

~~1~~ 9 11 19 21

0 1 10 20

8 9 10 11 12

0 20

5 10 15 25

0 20

2 Wo passen die Zahlen? Trage ungefähr ein.

~~5~~ ~~9~~ ~~15~~ 19 25

0 5 9 10

10 15 20

20 30

2 8 12 18 22

0 10

10 20

20 30

4 14 16 24

0 10

10 20

20 30

5 6 14 15 25

0 10

10 20

20 30

1 Zahlen am Rechenstrich ungefähr verorten. Die vorgegebenen Zahlen dienen der Orientierung. 2 *Nachbarzehner* von Zahlen erkennen und die Zahlen auf dem passenden Rechenstrich darstellen.

→ Schulbuch, Seiten 34/35

Der Rechenstrich

1 Immer 10 weiter.

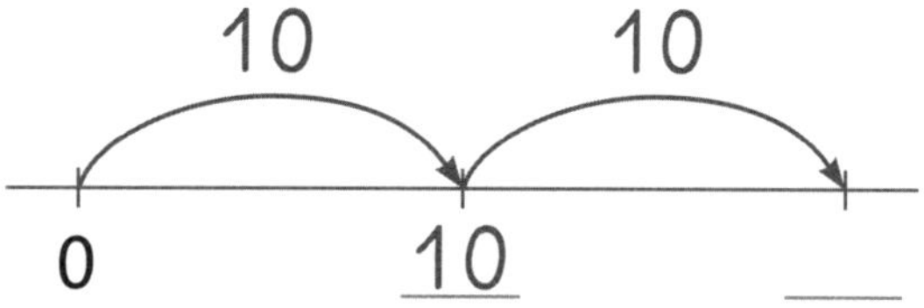

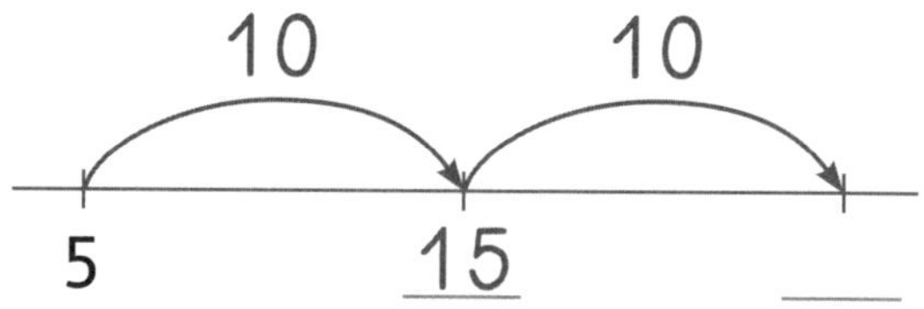

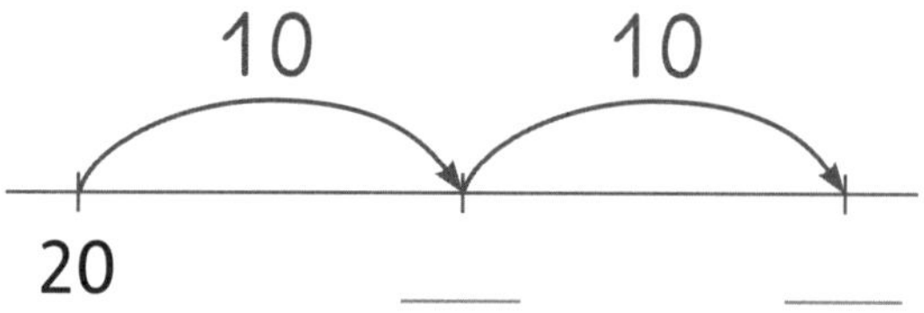

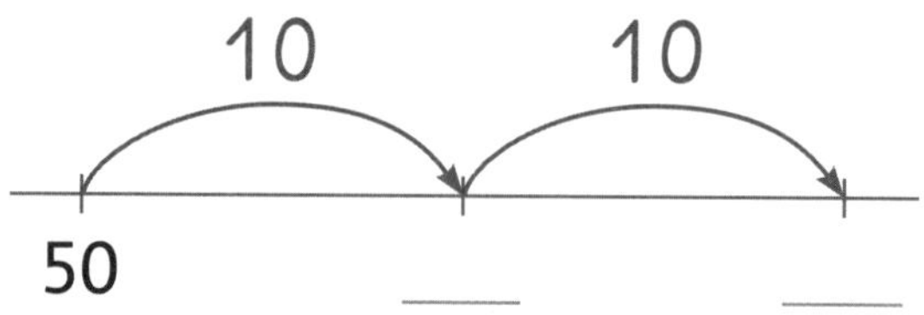

2 Immer 5 weiter.

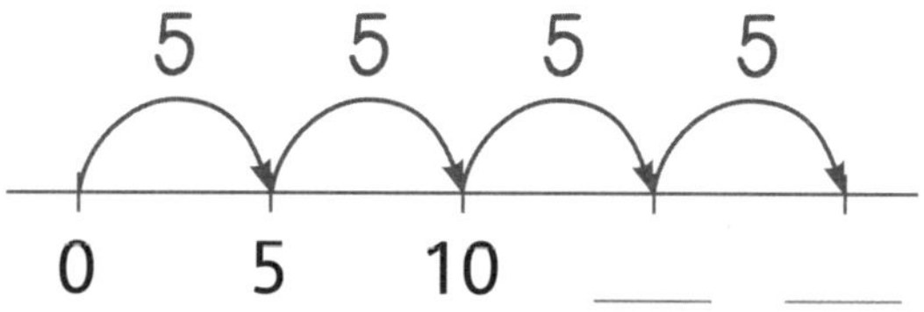

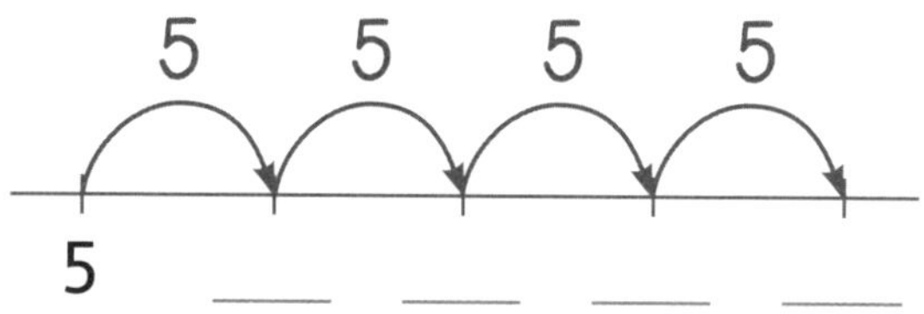

3 Immer 10 weiter und zurück.

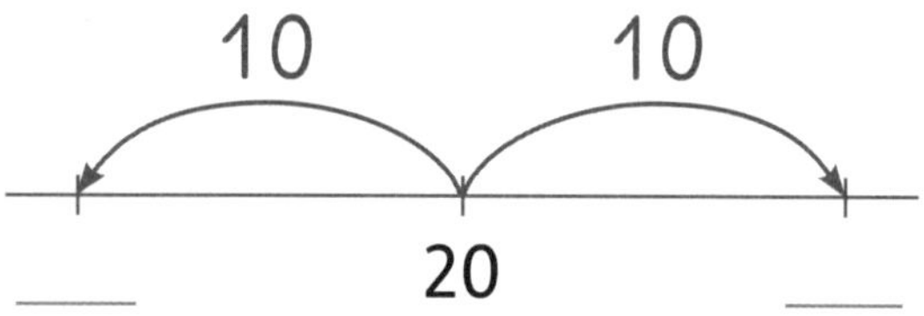

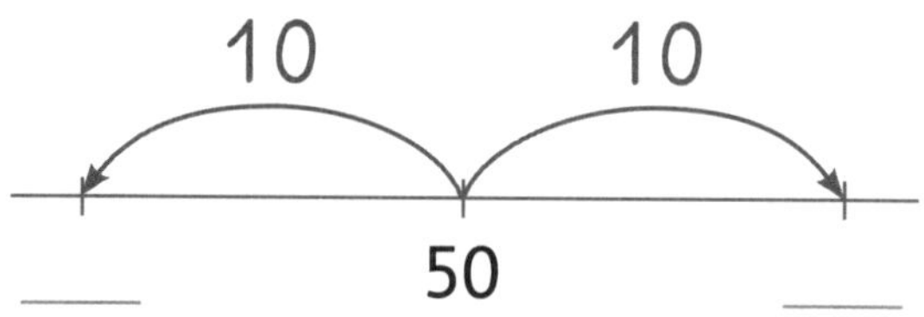

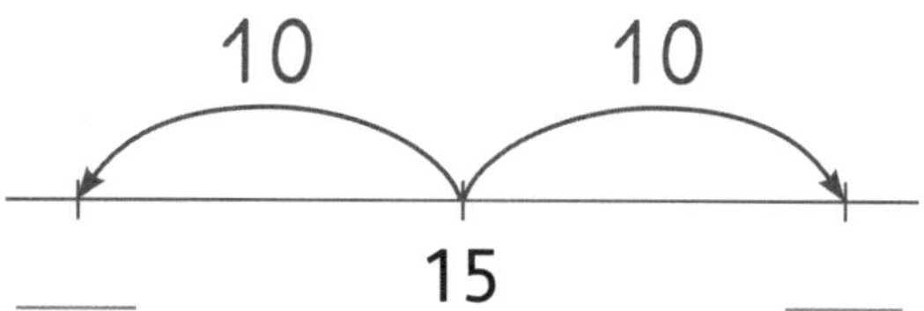

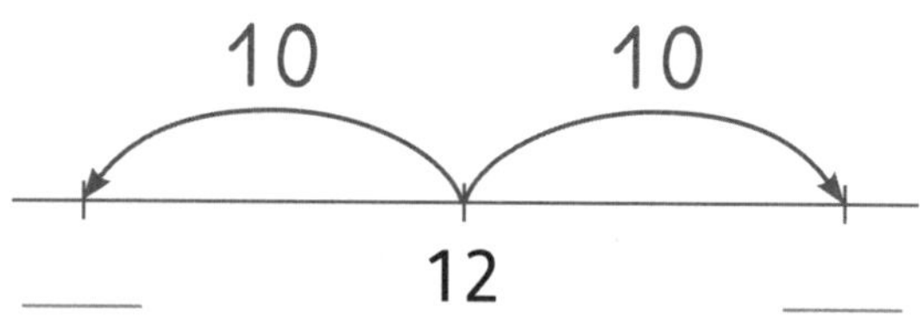

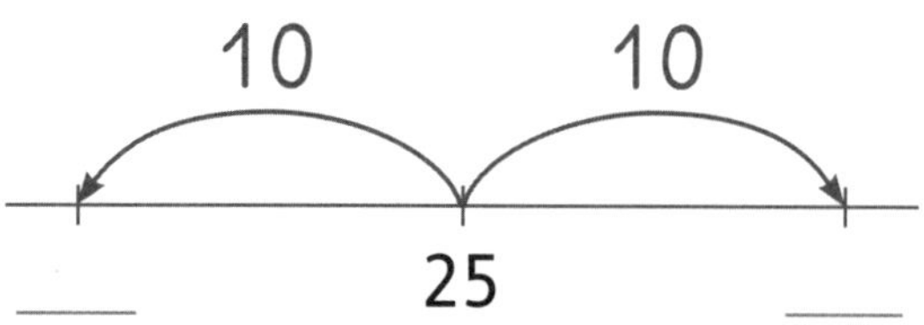

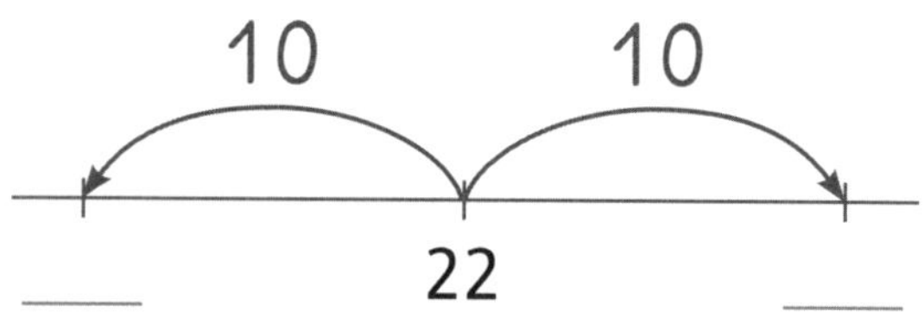

1, 2 Zehner- und Fünfersprünge am Rechenstrich. Sprünge vergleichen. **3** Sprünge mit 10 vorwärts und rückwärts am Rechenstrich.

→ Schulbuch, Seiten 34/35

Die Hundertertafel

1	2	3	4	5	6	7	8		10
11	12	13	14	15	16	17		19	20
21	22	23	24	25					

1 Finde Nachbarzahlen. Vergleiche. Was fällt dir auf?

2 | 3	5 |	|	|	2 | |
13 |	| 7	|	|	7 | |
| 17	1 |	|	|	| | 25

2 Finde Zahlenpaare. Vergleiche. Was fällt dir auf?

15	14	4	3				
25							

3 Finde die passenden Zahlen. Was fällt dir auf?

8	5	13			
8	5	13			

1, 2 Zahlenpaare finden und vergleichen (Nachbarzahlen und Zahlen mit Unterschied 10). Eigene Ausschnitte wählen. Dekadische Analogien beschreiben. **3** Ausschnitte wiederfinden und vervollständigen. Eigene Ausschnitte wählen. Auffälligkeiten beschreiben.

→ Schulbuch, Seite 36

Rückblick

1 Wie viele?

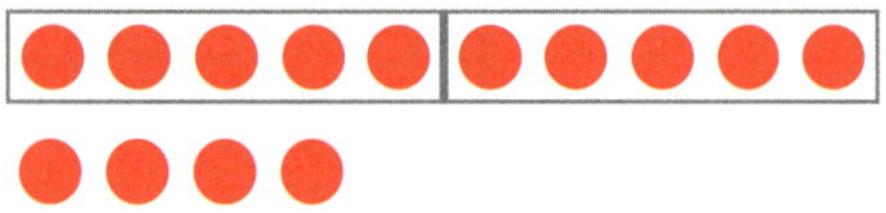 ___

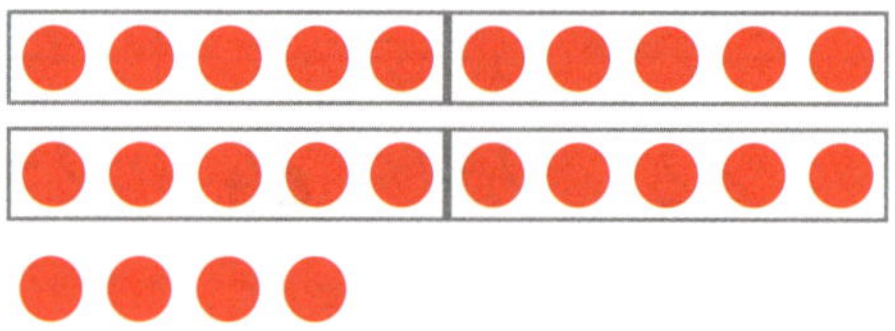 ___

2

10
3
___ + ___ = ___

20
3
___ + ___ = ___

10
2
___ + ___ = ___

20
2
___ + ___ = ___

3 Zeichne die Zahlbilder.

19	21	25	16

4 Finde die Nachbarzahlen.

○ 12 ○

12 − 1 = ___
12 + 1 = ___

○ 21 ○

21 − 1 = ___
21 + 1 = ___

○ 23 ○

23 − 1 = ___
23 + 1 = ___

Wesentliche Inhalte des Kapitels noch einmal reflektieren, die eigenen Kompetenzen einschätzen.

→ Schulbuch, Seiten 38/39

Längen: Meter und Zentimeter

Mila　Murat　Lena　Eva　Anton　Till

1 Wer ist größer? Kreuze an.

2 Wie lang sind die Stifte? Miss mit dem Lineal.

8 cm

______

______

______

3 Zeichne mit dem Lineal.

2 cm
3 cm
5 cm
10 cm

|——| 2 cm

Einfache Plusaufgaben

1 Zeichne und rechne.

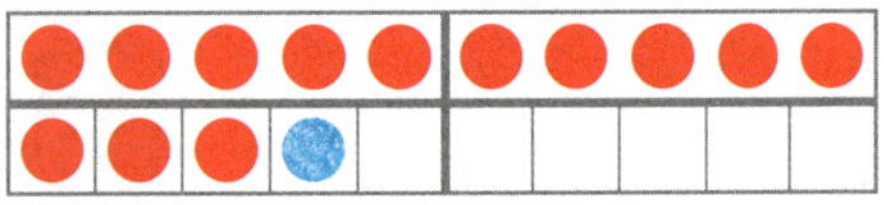

13 + 1 = ____

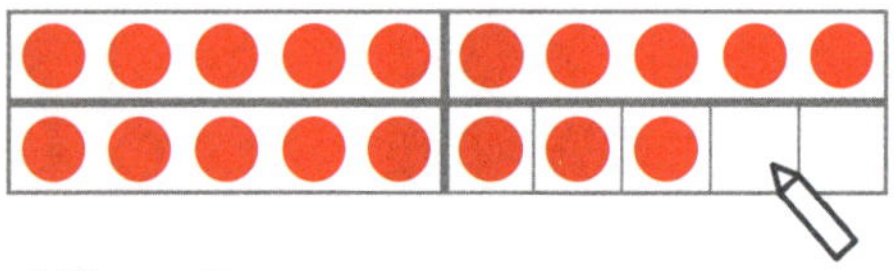

18 + 1 = ____

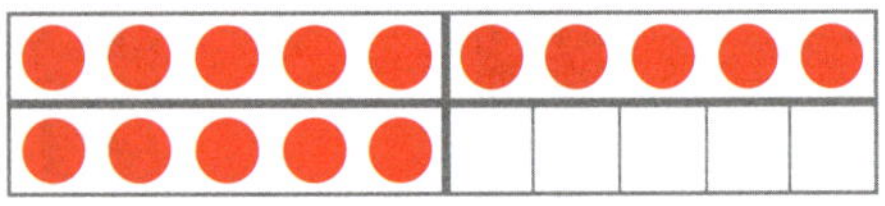

____ + 1 = ____

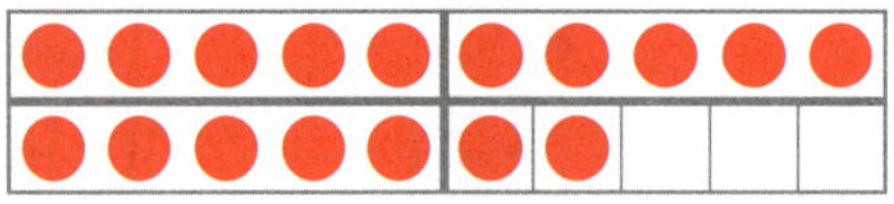

____ + 1 = ____

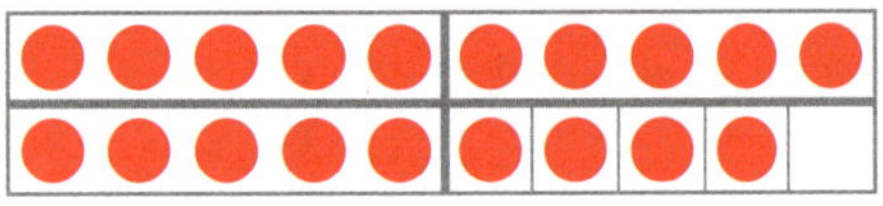

____ + 1 = ____

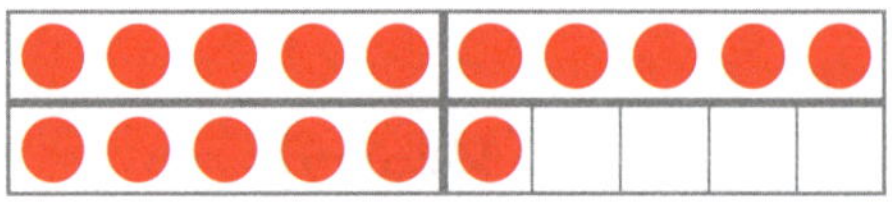

____ + 1 = ____

2 Zeichne und rechne. Vergleiche. Was fällt dir auf?

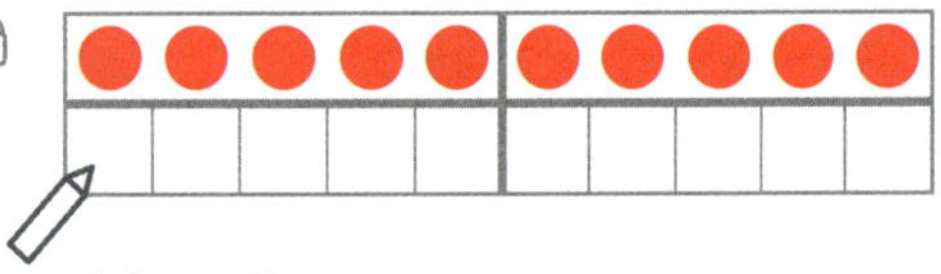

10 + 3 = ____

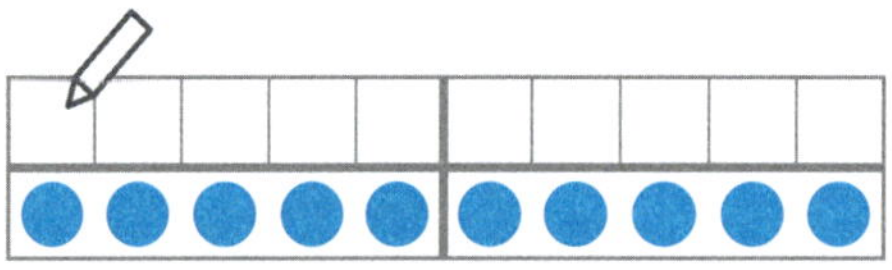

3 + 10 = ____

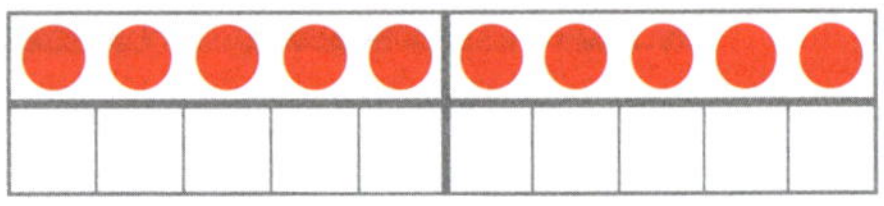

10 + 4 = ____

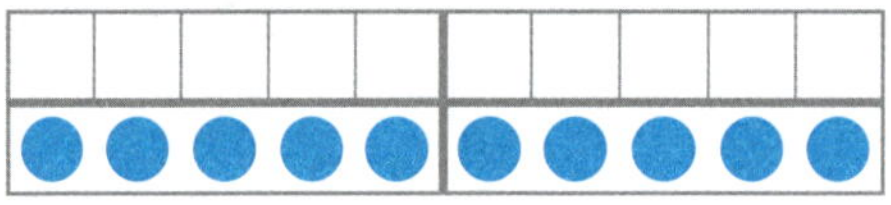

4 + 10 = ____

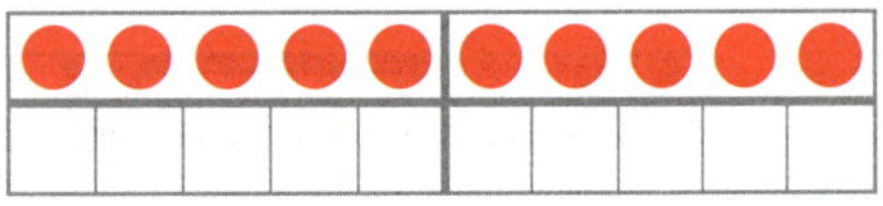

10 + 8 = ____

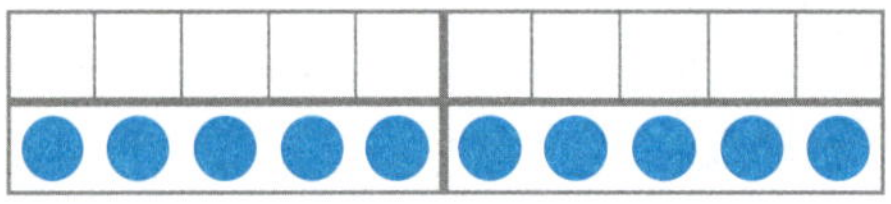

8 + 10 = ____

3 Rechne.

1 + 16 = ____	1 + 14 = ____	10 + 7 = ____	10 + 9 = ____
16 + 1 = ____	14 + 1 = ____	7 + 10 = ____	9 + 10 = ____
22 + 1 = ____	24 + 1 = ____	10 + 5 = ____	12 + 10 = ____
1 + 22 = ____	1 + 24 = ____	5 + 10 = ____	10 + 12 = ____

1 Bei Aufgaben ‚mit 1' den zweiten Summanden einzeichnen, ggf. legen. Das Ergebnis ablesen. **2** Bei Aufgaben und Tauschaufgaben ‚mit 10' den kleineren Summanden einzeichnen. Das Ergebnis ablesen. **3** Aufgaben und Tauschaufgaben ‚mit 1' und ‚mit 10' lösen.

→ Schulbuch, Seiten 42/43

Einfache Plusaufgaben

1 Lege und rechne.

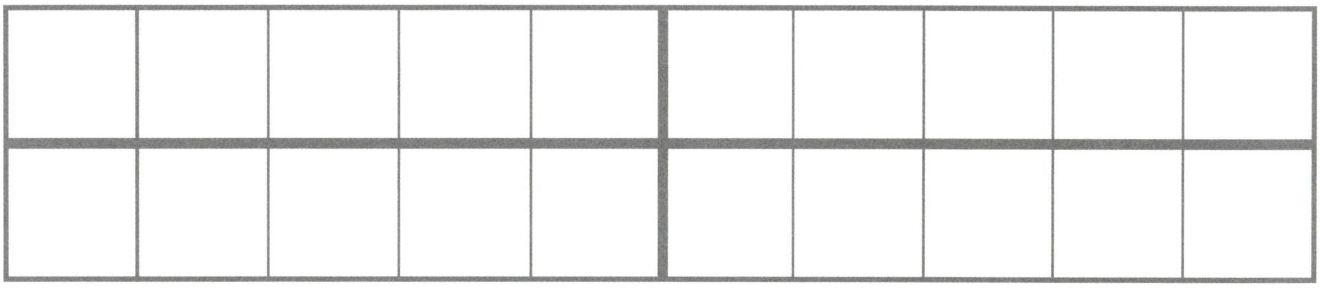

8 + ___ = 10	4 + ___ = 10	7 + ___ = 10	1 + ___ = 10
18 + ___ = 20	14 + ___ = 20	17 + ___ = 20	11 + ___ = 20

2 Rechne und vergleiche.

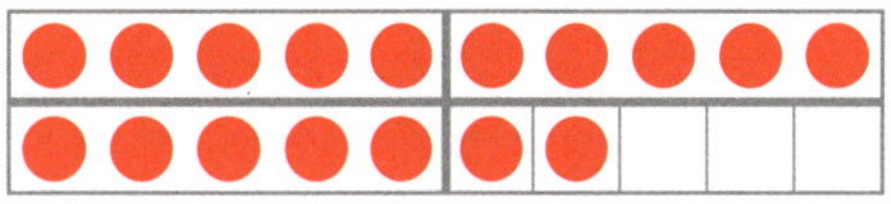

17 + ___ = 20

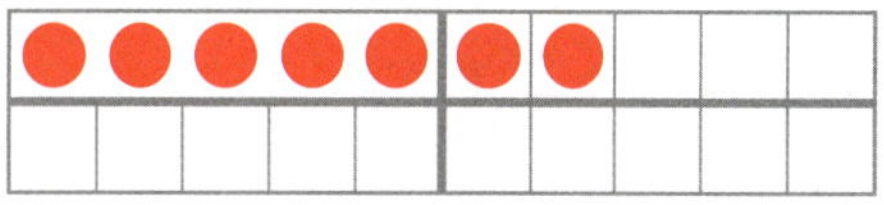

7 + ___ = 20

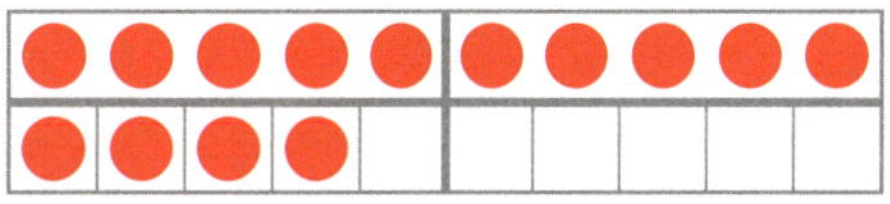

14 + ___ = 20

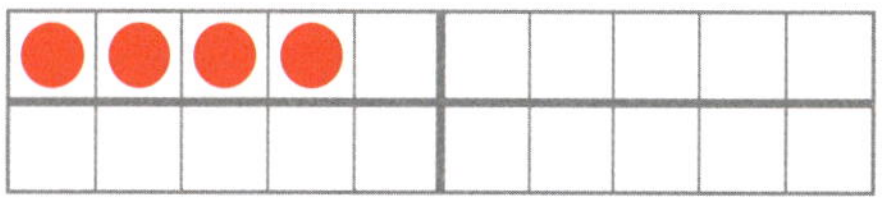

4 + ___ = 20

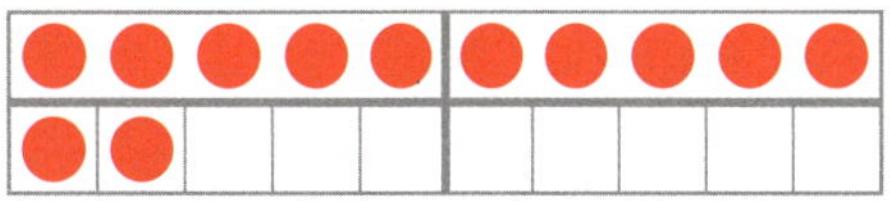

12 + ___ = 20

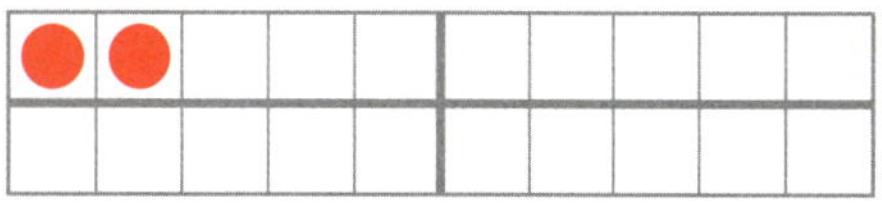

2 + ___ = 20

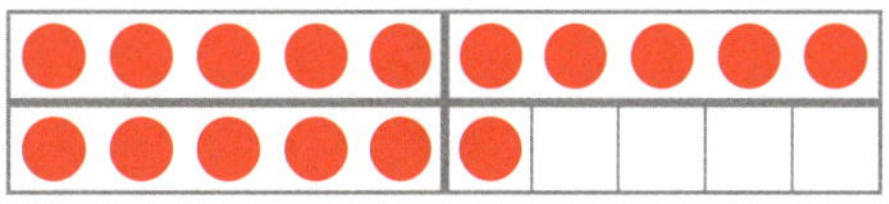

16 + ___ = 20

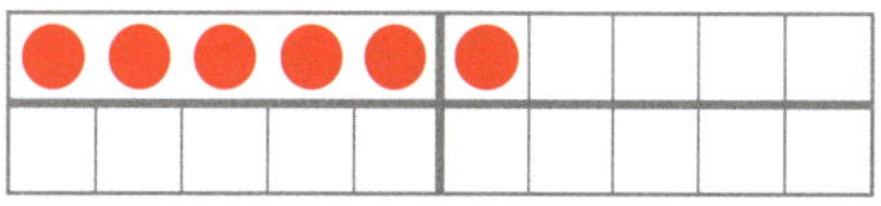

6 + ___ = 20

3 Rechne.

1 + ___ = 10	8 + ___ = 10	5 + ___ = 10	9 + ___ = 10
1 + ___ = 20	8 + ___ = 20	5 + ___ = 20	9 + ___ = 20
11 + ___ = 20	18 + ___ = 20	15 + ___ = 20	19 + ___ = 20

1 Aufgaben am Feld legen. Dabei Aufgaben ‚= 10‘ wiederholen. In Beziehung zu Analogieaufgaben ‚= 20‘ setzen. Begriff *verwandte Aufgaben* nutzen. **2** Bei Aufgaben ‚= 20‘ den zweiten Summanden ablesen, ggf. legen oder zeichnen. Analogieaufgaben thematisieren. **3** Aufgabentripel zu ‚= 10‘ und ‚= 20‘ lösen.

→ Schulbuch, Seiten 42/43

Einfache Plusaufgaben

1 Zeichne und rechne.

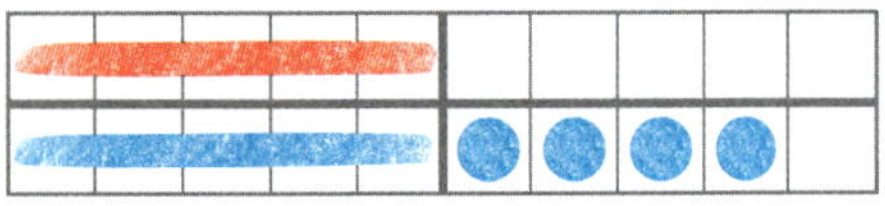

5 + 9 = ____

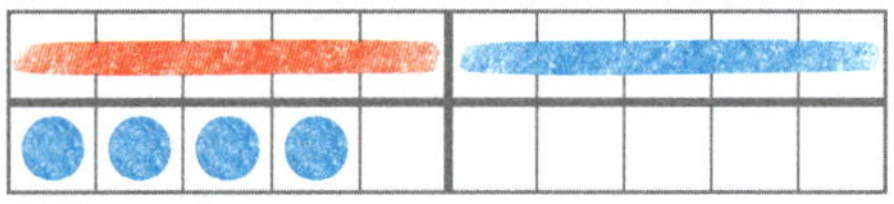

5 + 9 = ____

5 + 8 = ____

5 + 8 = ____

5 + ___ = ____

5 + ___ = ____

2 Zeichne und rechne.

3 + 5 = ____

6 + 5 = ____

___ + ___ = ____

___ + ___ = ____

___ + ___ = ____

___ + ___ = ____

3 Rechne.

5 + 4 = ____	5 + 5 = ____	5 + 6 = ____	5 + 7 = ____
15 + 4 = ____	15 + 5 = ____	15 + 6 = ____	15 + 7 = ____
5 + 1 = ____	5 + 10 = ____	5 + 0 = ____	5 + 9 = ____
15 + 1 = ____	15 + 10 = ____	15 + 0 = ____	15 + 9 = ____

1, 2 Aufgaben ‚mit 5' zeichnen und rechnen (ggf. legen). Dabei die Summanden im Feld untereinander bzw. nebeneinander darstellen. **3** Aufgaben ‚mit 5' und Analogieaufgaben lösen.

→ Schulbuch, Seiten 42/43

Einfache Plusaufgaben

1 Tauschaufgaben.

23 + 1 = ___	16 + 1 = ___	1 + 24 = ___	1 + 19 = ___
1 + 23 = ___	1 + 16 = ___	24 + 1 = ___	19 + 1 = ___
10 + 3 = ___	10 + 12 = ___	14 + 10 = ___	15 + 10 = ___
3 + 10 = ___	12 + 10 = ___	10 + 14 = ___	10 + 15 = ___
5 + 4 = ___	5 + 8 = ___	12 + 5 = ___	20 + 5 = ___
4 + 5 = ___	8 + 5 = ___	5 + 12 = ___	5 + 20 = ___
7 + ___ = 10	14 + ___ = 20	___ + 9 = 20	___ + 5 = 20
___ + 7 = 10	___ + 14 = 20	9 + ___ = 20	5 + ___ = 20

2 Rechne.

5 + 3 = ___	5 + 7 = ___	5 + 9 = ___	5 + 6 = ___
15 + 3 = ___	15 + 7 = ___	15 + 9 = ___	15 + 6 = ___
2 + 5 = ___	4 + 5 = ___	6 + 5 = ___	8 + 5 = ___
12 + 5 = ___	14 + 5 = ___	16 + 5 = ___	18 + 5 = ___

3 Schöne Päckchen. Setze fort.

5 + 7 = ___	10 + 7 = ___	23 + 1 = ___	20 + 5 = ___
5 + 9 = ___	10 + 9 = ___	21 + 1 = ___	20 + 4 = ___
5 + 11 = ___	10 + 11 = ___	19 + 1 = ___	20 + 3 = ___
___	___	___	___
___	___	___	___

1, 2 Gemischte einfache Aufgaben üben. Dabei Zusammenhänge zwischen Tauschaufgaben und verwandten Aufgaben erkennen und nutzen. **3** Schöne Päckchen mit einfachen Aufgaben erkennen und fortsetzen.

→ Schulbuch, Seiten 42/43

Schwierige Plusaufgaben

1 Verdopple.

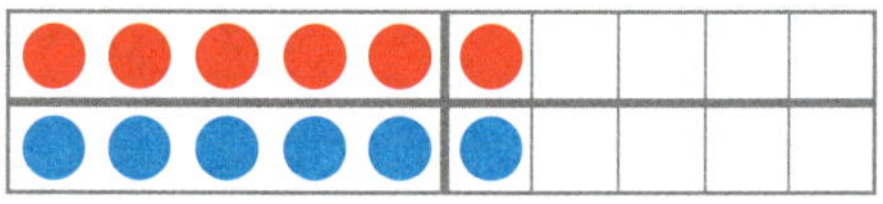

6 + 6 = ____

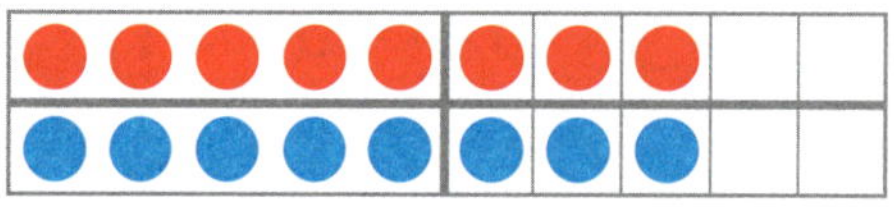

8 + ___ = ____

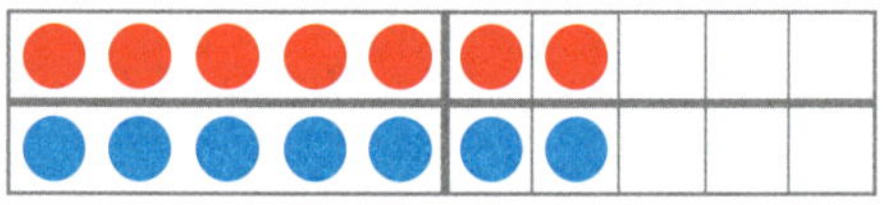

___ + ___ = ____

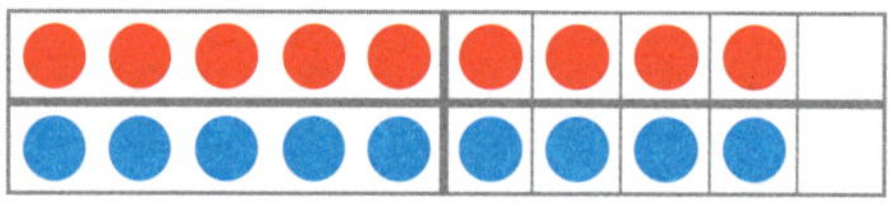

___ + ___ = ____

2 Welche Zahlen lassen sich halbieren? Kreuze an und rechne.

☒ 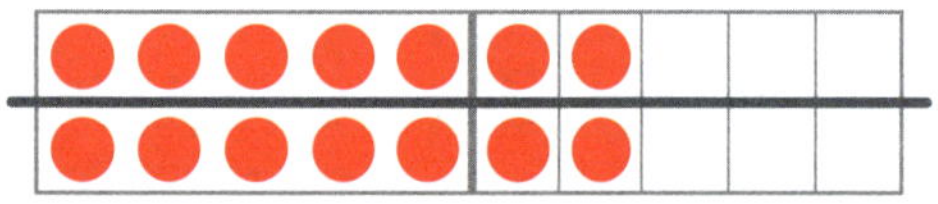

14 = ___ + ___

☐ 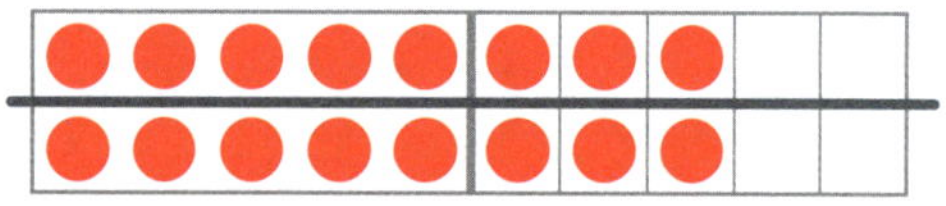

___ = ___ + ___

☐ 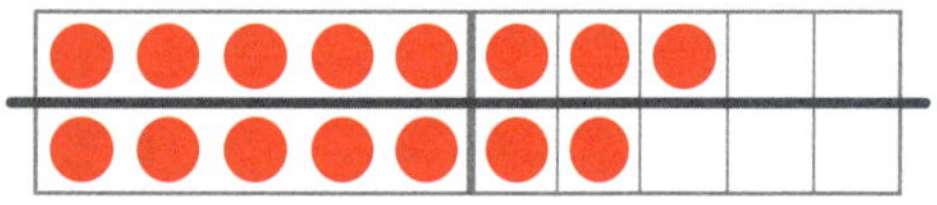

___ = ___ + ___

☐ 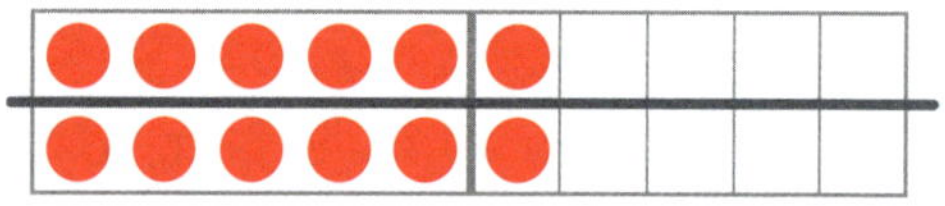

___ = ___ + ___

☐ 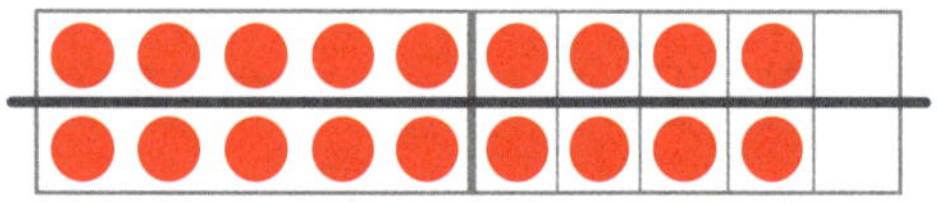

___ = ___ + ___

☐ 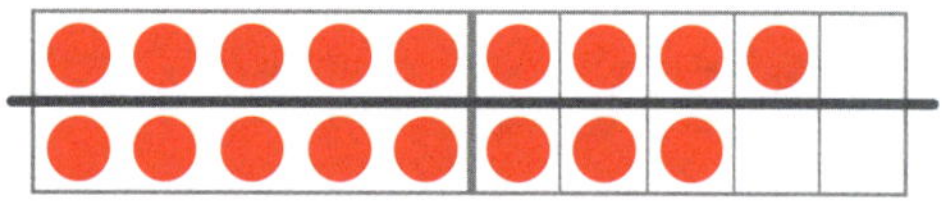

___ = ___ + ___

3 Verdopple.

20 + 20 = ____

30 + 30 = ____

___ + ___ = ____

___ + ___ = ____

1 Verdopplungsaufgaben bilden und lösen. 2 Anzahlen halbieren. Halbieren und Fast-Halbieren unterscheiden.
3 Verdoppeln im Zahlenraum bis 100.

→ Schulbuch, Seiten 44/45

Schwierige Plusaufgaben

1 Immer eine Nachbaraufgabe ⟨mit 1⟩.

12 + 1 = ____
12 + 2 = ____

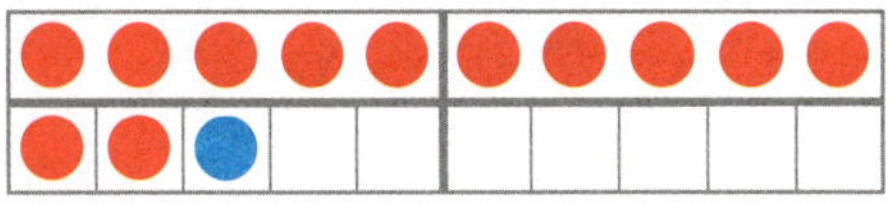

16 + 1 = ____
16 + 2 = ____

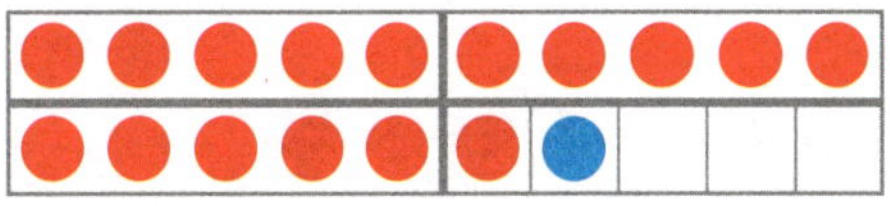

18 + 1 = ____
18 + 2 = ____

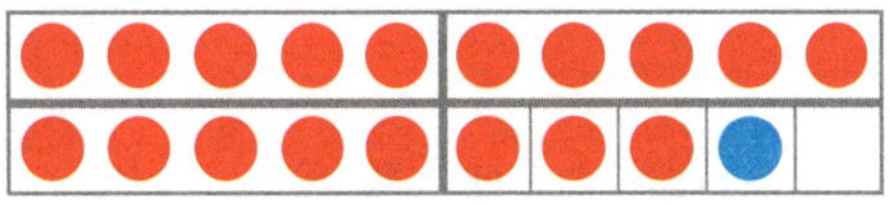

2 Immer eine Nachbaraufgabe ⟨mit 10⟩.

9 + 6 = ____
10 + 6 = ____

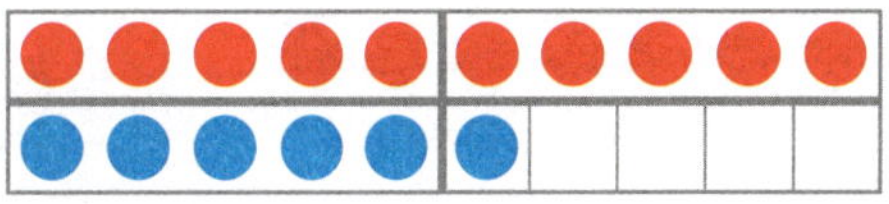

9 + 4 = ____
10 + 4 = ____

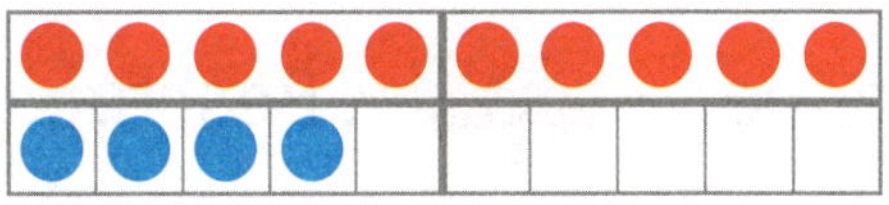

9 + 8 = ____
10 + 8 = ____

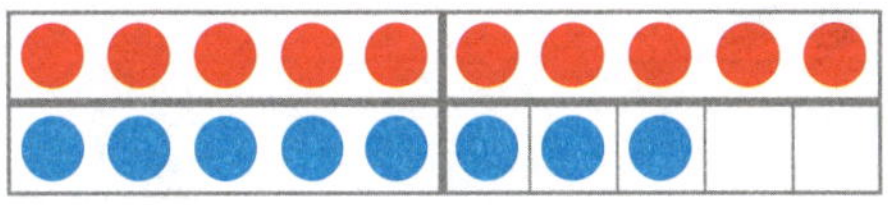

9 + 7 = ____
10 + 7 = ____

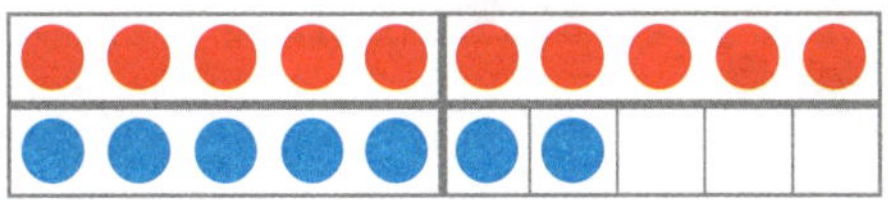

3 Rechne die einfache Aufgabe zuerst ⟨mit 1⟩ ⟨mit 10⟩.

13 + 2 = ____	10 + 3 = ____	17 + 1 = ____	9 + 9 = ____
13 + 1 = ____	9 + 3 = ____	17 + 2 = ____	10 + 9 = ____

1, 2 Aufgaben ‚mit 1' und ‚mit 10' darstellen und rechnen. **3** Leichte Aufgaben finden und in Beziehung zu Nachbaraufgaben setzen.

→ Schulbuch, Seiten 44/45

Schwierige Plusaufgaben

1 Immer zwei Nachbaraufgaben = 10. Beschreibe.

4 + 5 = ___

4 + 6 = ___

4 + 7 = ___

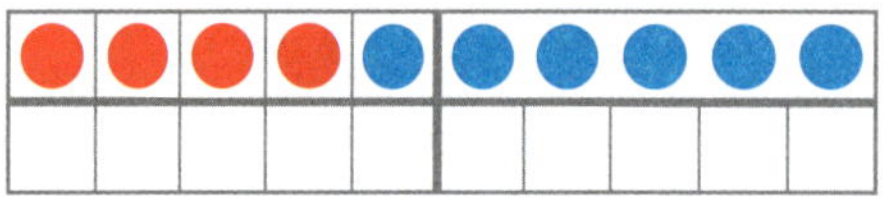

7 + 2 = ___

7 + 3 = ___

7 + 4 = ___

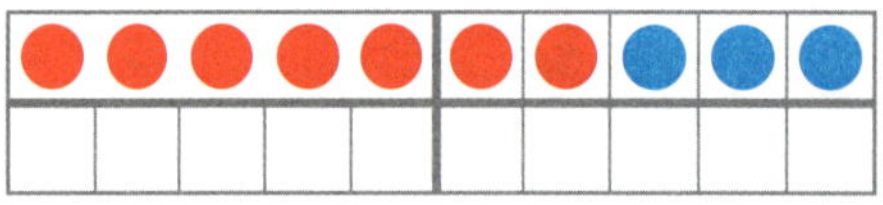

2 + 7 = ___

2 + 8 = ___

2 + 9 = ___

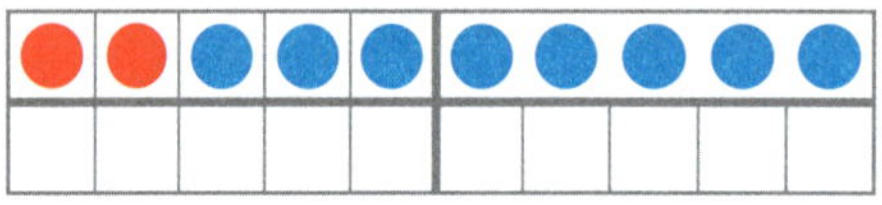

1 + ___ = ___

1 + 9 = ___

1 + ___ = ___

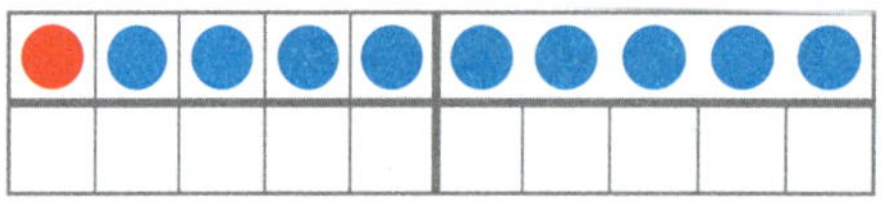

2 Immer zwei Nachbaraufgaben mit 5. Beschreibe.

7 + 4 = ___

7 + 5 = ___

7 + 6 = ___

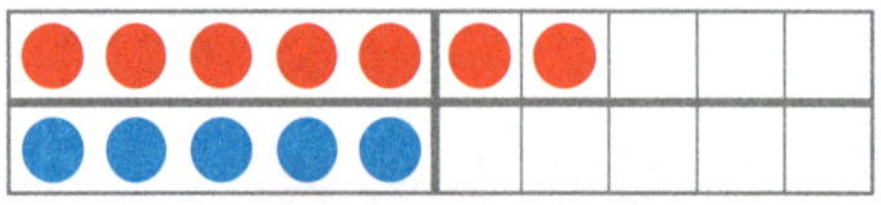

8 + 4 = ___

8 + 5 = ___

8 + 6 = ___

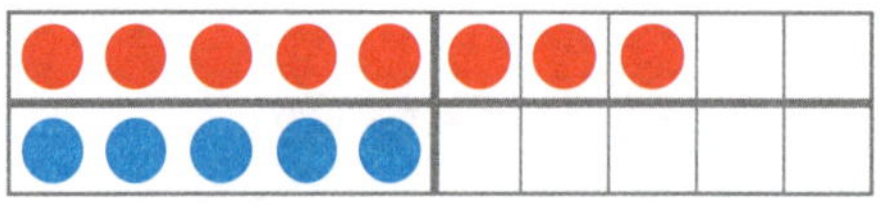

9 + ___ = ___

9 + 5 = ___

9 + ___ = ___

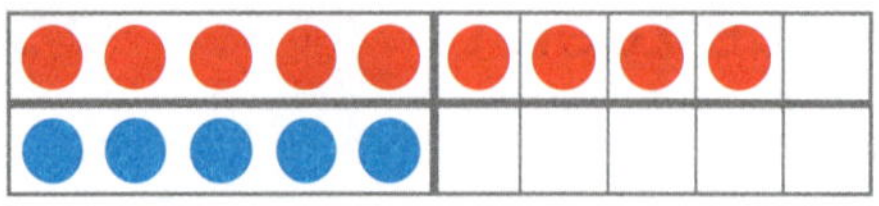

1, 2 Leichte Aufgaben ‚= 10' und ‚mit 5' lösen. Nachbaraufgaben finden und in Beziehung setzen.

→ Schulbuch, Seiten 44/45

Schwierige Plusaufgaben

1 Verändere die Aufgabe mit = 10. Lege, zeichne und rechne.

Aus ... mache ...

7 + 8 = ___ 7 + 3 + 5 = ___

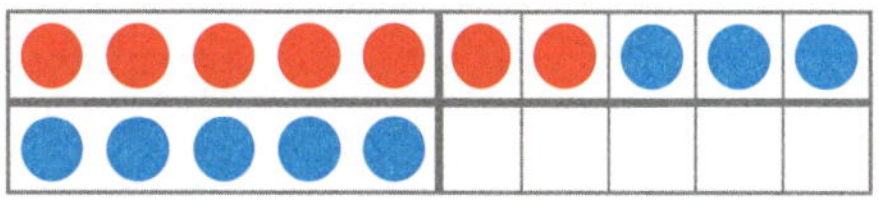

7 + 4 = ___ 7 + 3 + ___ = ___

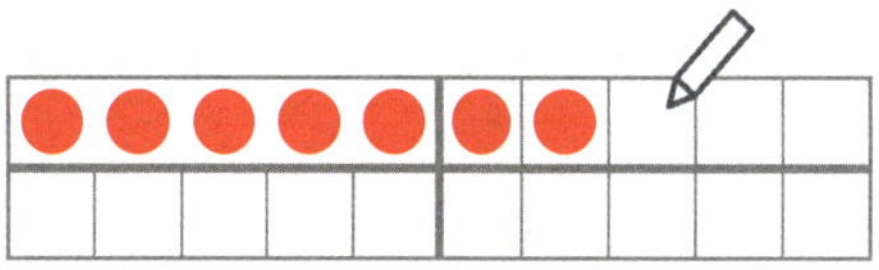

8 + 7 = ___ 8 + ___ + 5 = ___

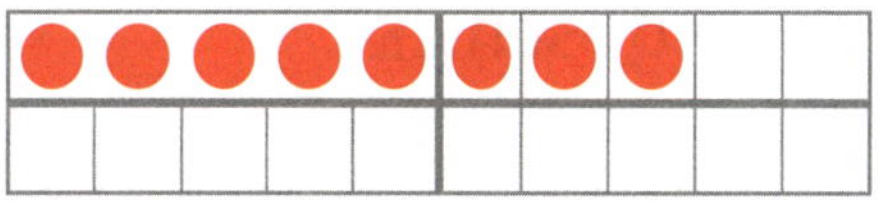

8 + 6 = ___ 8 + ___ + ___ = ___

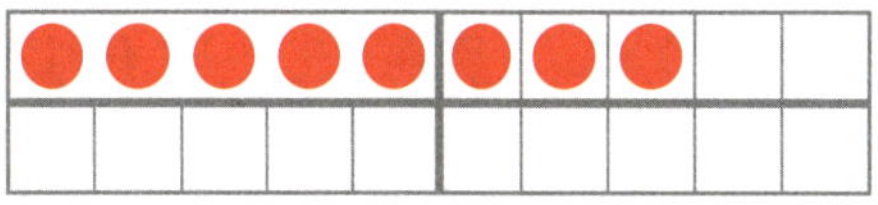

2 Verändere die Aufgabe mit doppelt. Lege, zeichne und rechne.

Aus ... mache ...

5 + 6 = ___ 5 + 5 + 1 = ___

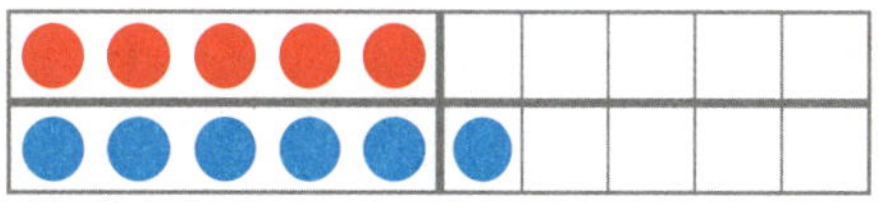

6 + 7 = ___ 6 + 6 + ___ = ___

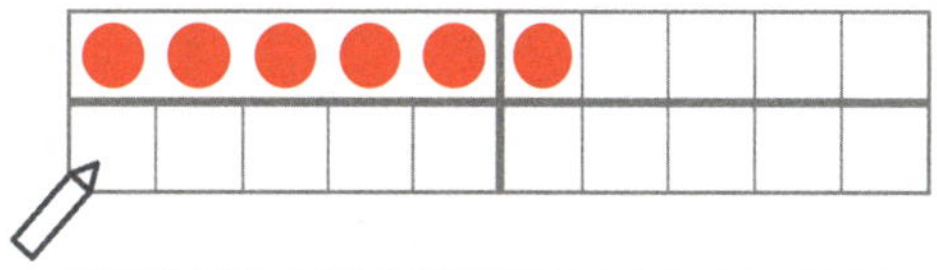

7 + 8 = ___ 7 + ___ + 1 = ___

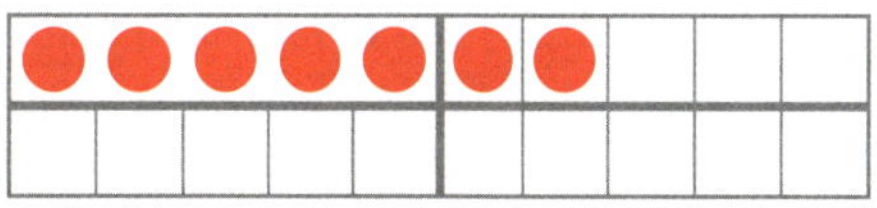

8 + 9 = ___ 8 + ___ + ___ = ___

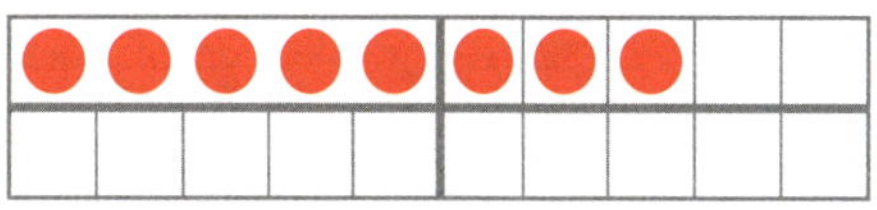

1, 2 Aufgaben geschickt verändern. Dabei wird einer der Summanden so zerlegt, dass die Aufgaben mithilfe der 10 oder der Verdopplungsaufgabe gelöst werden können.

→ Schulbuch, Seiten 44/45

Gemischte Übungen

1 Vergleiche und setze fort. Beschreibe.

  |
5 | 2 | 8

  |
6 | 2 | 9

  |
7 | 2 | 10

  |
  | 2 |

  |
5 | 2 | 8

  |
5 | 3 | 8

  |
5 | 4 | 8

  |
5 | | 8

  |
5 | 2 | 8

  |
4 | 2 | 7

  |
3 | 2 | 6

  |
  | 2 |

2 Rechne geschickt.

20
6 |
  | 5 | 9

20
6 |
  | 4 | 10

20
6 |
  | 3 |

20
6 |
  | 2 |

3 Finde verschiedene Grundsteine.

25
15 | 10
  | |

25
15 | 10
  | |

25
15 | 10
  | |

25
15 | 10
  | |

1 Zusammenhänge zwischen Grundsteinen und Decksteinen erkunden und nutzen. 2 Zahlenmauern über das Ergänzen oder Abziehen lösen. Beziehungen zwischen den verschiedenen Zahlenmauern zum Deckstein 20 entdecken. Zusätzlich eigene Zahlenmauern finden (KV). 3 Verschiedene mögliche Grundsteine finden.

→ Schulbuch, Seite 49

Einfache Minusaufgaben

1 Lege, nimm weg und rechne.

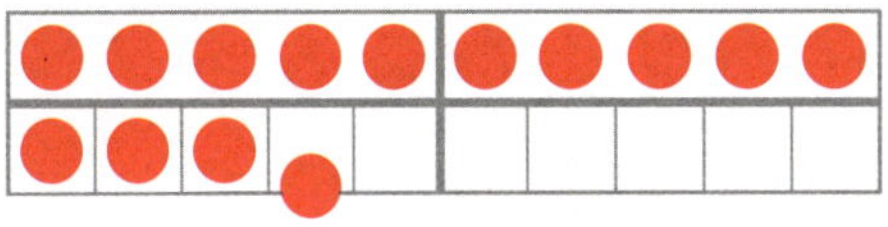

14 – 1 = 13

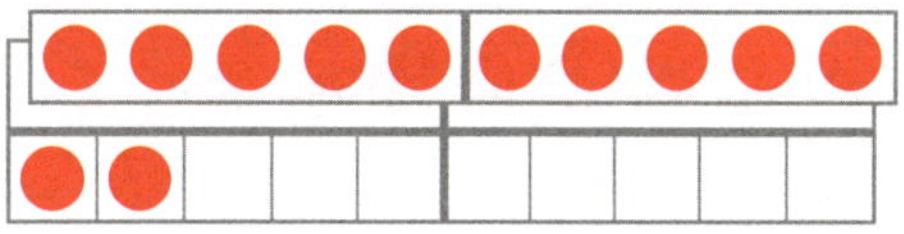

12 – 10 = 2

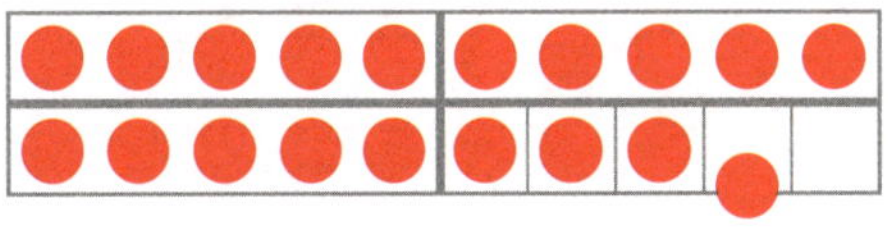

19 – 1 = ____

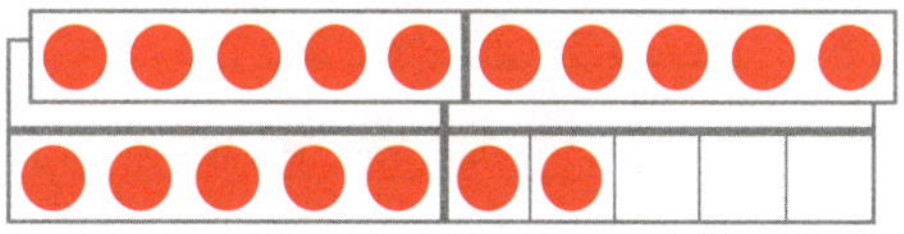

17 – 10 = ____

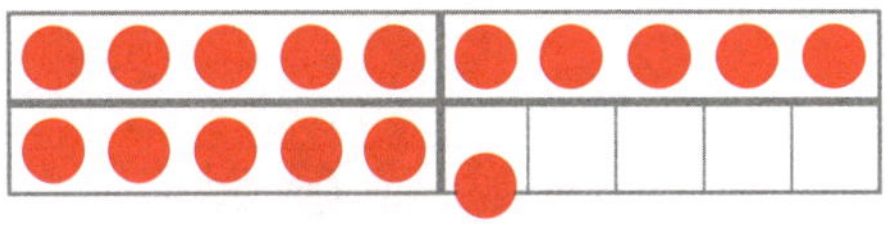

16 – 1 = ____

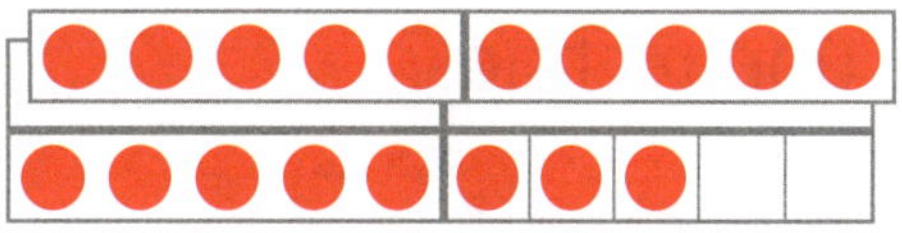

18 – 10 = ____

2 Lege und rechne.

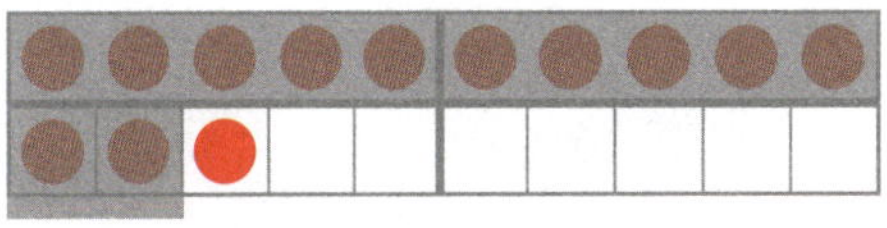

13 – 12 = 1

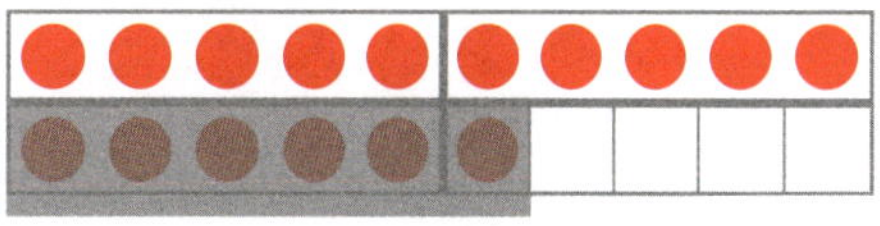

16 – 6 = 10

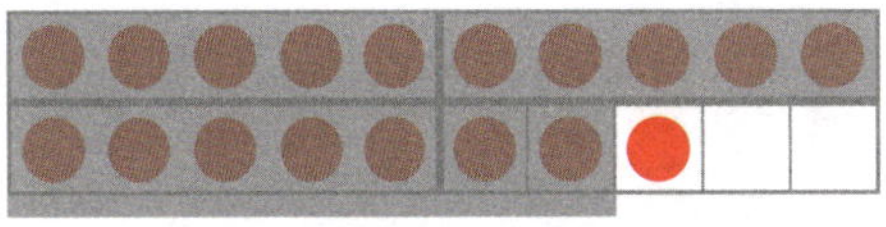

18 – ____ = 1

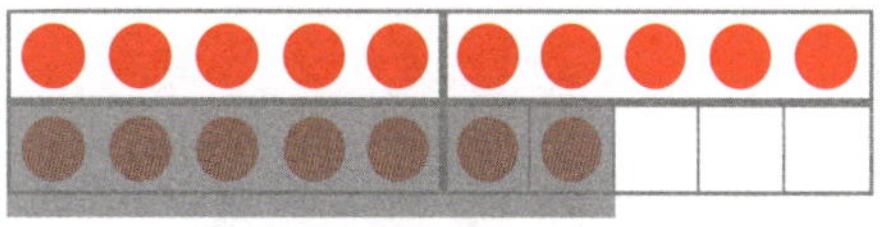

17 – ____ = 10

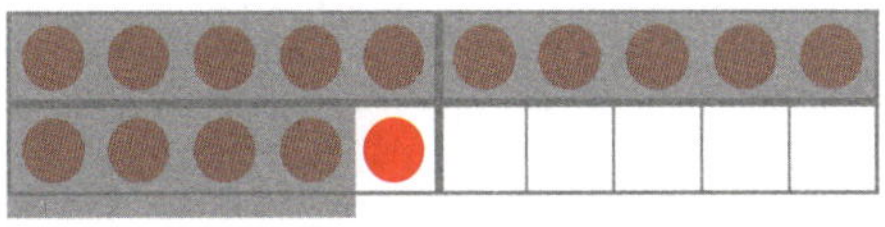

15 – ____ = 1

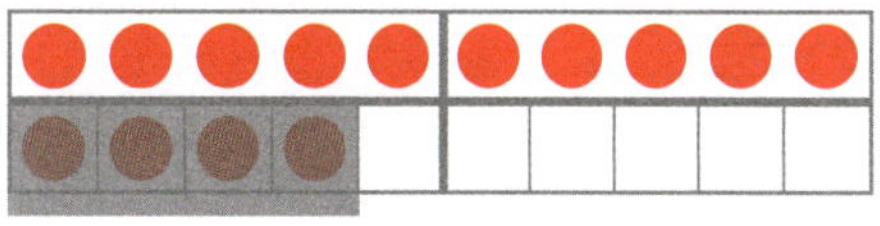

14 – ____ = 10

3 Rechne.

13 – 1 = ____	23 – 1 = ____	11 – 1 = ____	21 – 1 = ____
13 – 10 = ____	23 – 10 = ____	11 – 10 = ____	21 – 10 = ____

1 Einfache Aufgaben ‚– 1' und ‚– 10' legen und rechnen. 2 Minusaufgaben mit der Differenz 1 und 10 lösen.
3 Einfache Minusaufgaben üben.

→ Schulbuch, Seiten 50/51

Einfache Minusaufgaben

1 Lege, nimm weg und rechne.

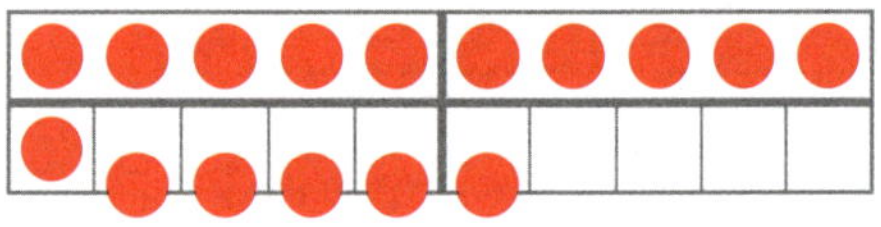

16 – 5 = ___

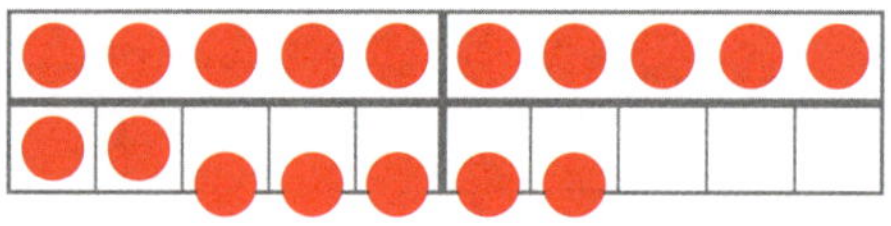

17 – 5 = ___

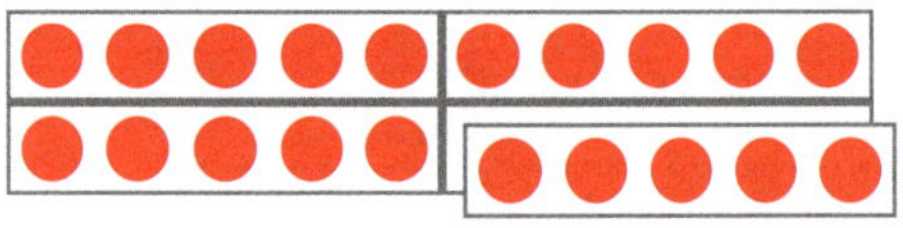

___ – 5 = ___

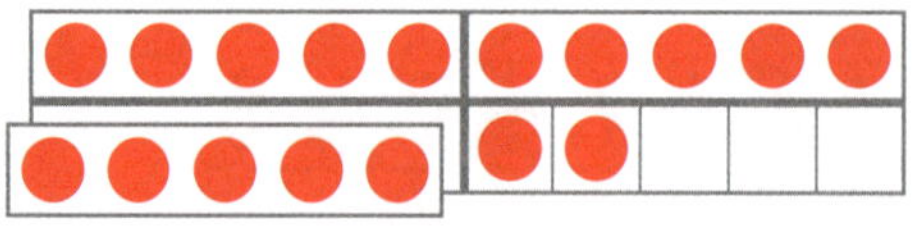

___ – 5 = ___

2 Lege und rechne.

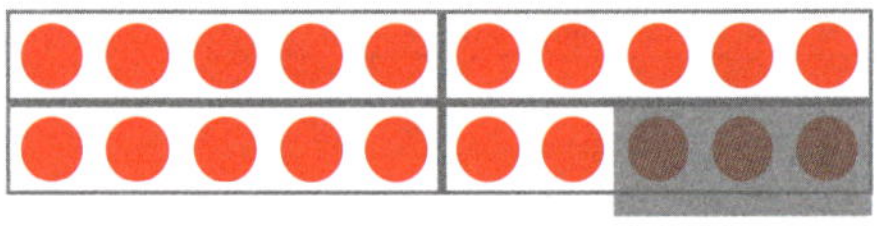

20 – 3 = ___

10 – 3 = ___

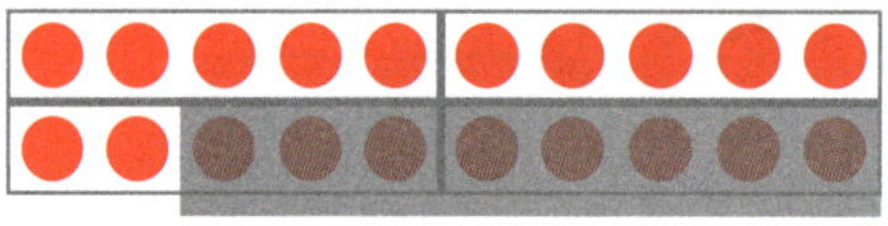

20 – 8 = ___

10 – 8 = ___

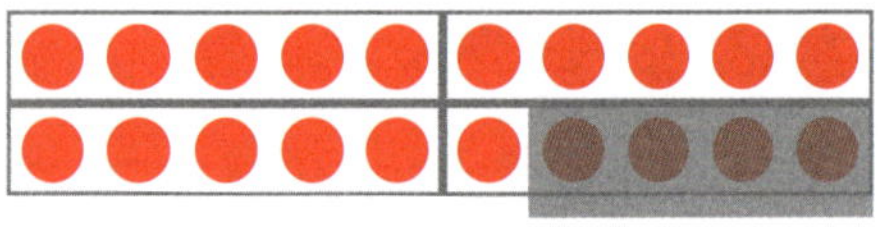

20 – 4 = ___

___ – ___ = ___

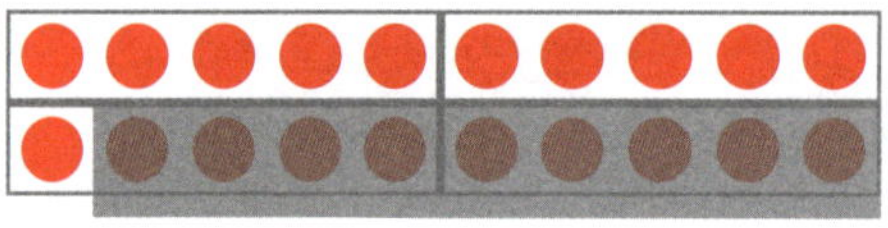

20 – 9 = ___

___ – ___ = ___

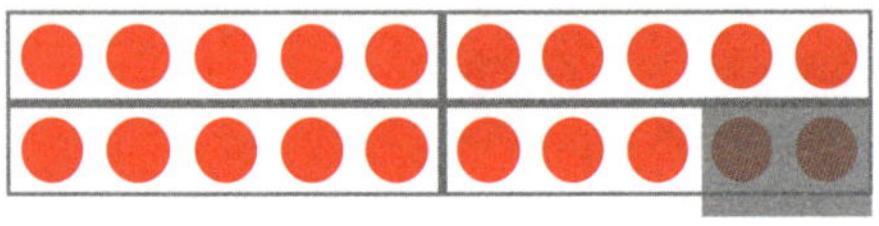

20 – ___ = ___

___ – ___ = ___

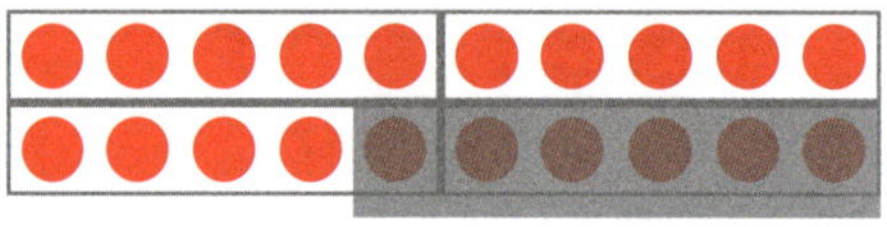

20 – ___ = ___

___ – ___ = ___

3 Rechne. Finde Aufgaben.

6 – 5 = ___	8 – 5 = ___	7 – 5 = ___	9 – 5 = ___
16 – 5 = ___	18 – 5 = ___	17 – 5 = ___	19 – 5 = ___
20 – 5 = ___	20 – 7 = ___	20 – ___ = ___	20 – ___ = ___
10 – 5 = ___	10 – 7 = ___	10 – ___ = ___	10 – ___ = ___

1 Aufgaben ‚– 5' legen und rechnen. **2** Aufgaben mit dem Minuenden 20 legen, abdecken und rechnen. Analogien zur Zehnerzerlegung erkennen. Weitere Aufgaben finden. **3** Einfache Minusaufgaben üben.

→ Schulbuch, Seiten 50/51

Einfache Minusaufgaben

1 Rechne und vergleiche.

13 − 1 = ___	22 − 1 = ___	18 − 1 = ___	10 − 1 = ___
23 − 1 = ___	12 − 1 = ___	8 − 1 = ___	20 − 1 = ___
11 − 10 = ___	23 − 10 = ___	14 − 10 = ___	25 − 10 = ___
21 − 10 = ___	13 − 10 = ___	24 − 10 = ___	15 − 10 = ___
7 − 5 = ___	9 − 5 = ___	6 − 5 = ___	8 − 5 = ___
17 − 5 = ___	19 − 5 = ___	16 − 5 = ___	18 − 5 = ___
5 − 3 = ___	5 − 2 = ___	15 − 4 = ___	15 − 6 = ___
15 − 3 = ___	15 − 2 = ___	25 − 4 = ___	25 − 6 = ___

2 Rechne und vergleiche.

17 − ___ = 10	24 − ___ = 20	___ − 9 = 10	___ − 5 = 20
___ − 7 = 10	___ − 4 = 20	19 − ___ = 10	25 − ___ = 20
23 − ___ = 20	25 − ___ = 20	___ − 4 = 20	___ − 1 = 20
23 − ___ = 10	25 − ___ = 10	24 − ___ = 10	21 − ___ = 10

3 Schöne Päckchen. Setze fort.

25 − 10 = ___	25 − 5 = ___	20 − 2 = ___	20 − 10 = ___
23 − 10 = ___	23 − 5 = ___	20 − 3 = ___	20 − 12 = ___
21 − 10 = ___	21 − 5 = ___	20 − 4 = ___	20 − 14 = ___
___	___	___	___
___	___	___	___

1, 2 Gemischte einfache Aufgaben üben. Dabei Zusammenhänge zwischen den Aufgaben erkennen und nutzen.
3 Schöne Päckchen mit einfachen Aufgaben erkennen und fortsetzen.

→ Schulbuch, Seiten 50/51

Schwierige Minusaufgaben

1 Immer eine Nachbaraufgabe ◇ 1 ◇.

13 – 1 = ____
13 – 2 = ____

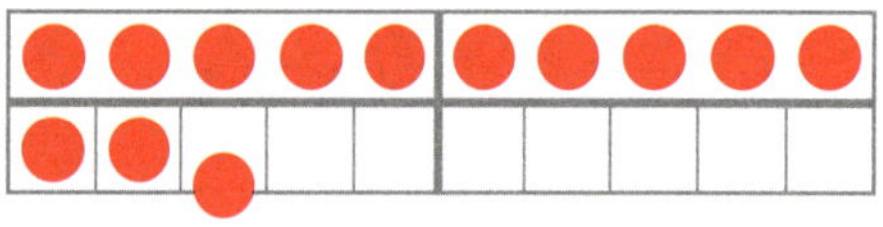

18 – 1 = ____
18 – 2 = ____

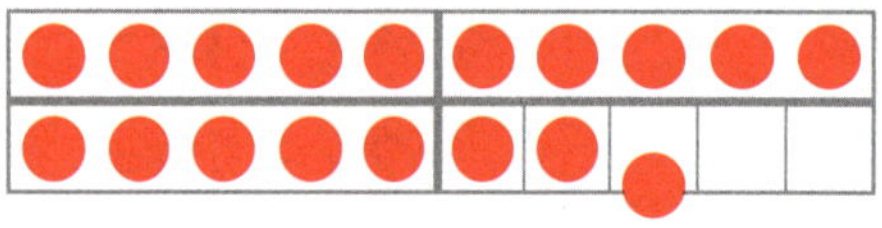

11 – 1 = ____
11 – 2 = ____

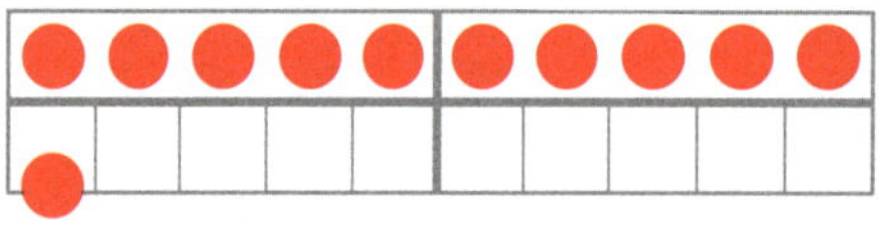

2 Immer eine Nachbaraufgabe ◇ 10 ◇.

14 – 9 = ____
14 – 10 = ____

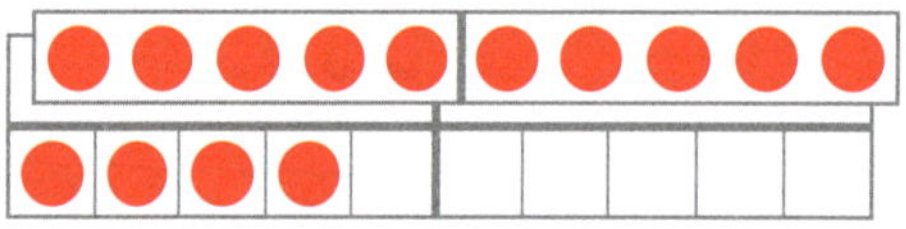

16 – 9 = ____
16 – 10 = ____

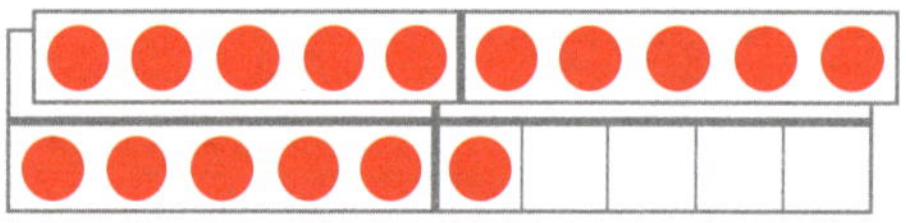

18 – 9 = ____
18 – 10 = ____

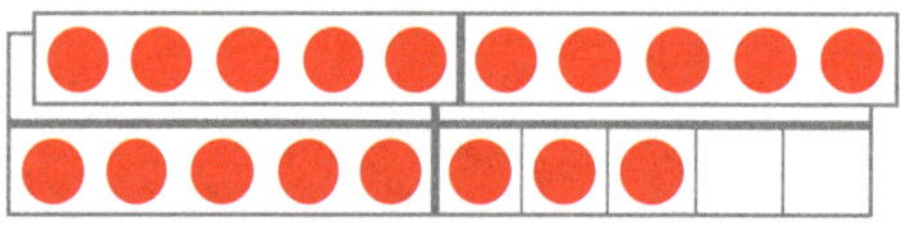

15 – 9 = ____
15 – 10 = ____

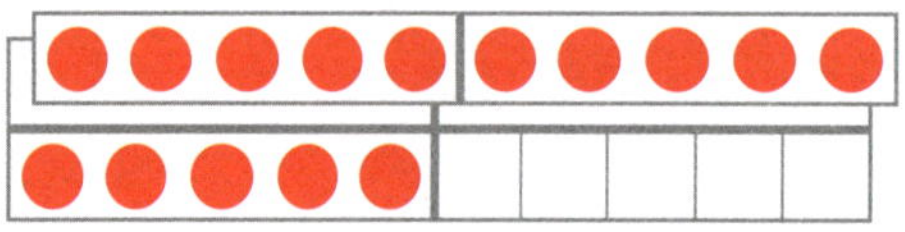

3 Rechne die einfache Aufgabe zuerst.

15 – 1 = ____	16 – 9 = ____	19 – 8 = ____	17 – 3 = ____
15 – 2 = ____	16 – 10 = ____	19 – 9 = ____	17 – 2 = ____
15 – 3 = ____	16 – 11 = ____	19 – 10 = ____	17 – 1 = ____

1, 2 Nachbaraufgaben der Aufgaben ‚– 1' und ‚– 10' lösen. **3** Leichte Aufgaben finden und in Beziehung zu Nachbaraufgaben setzen.

→ Schulbuch, Seiten 52/53

Schwierige Minusaufgaben

1 Immer zwei Nachbaraufgaben 5.

17 − 4 = ___

17 − 5 = ___

17 − 6 = ___

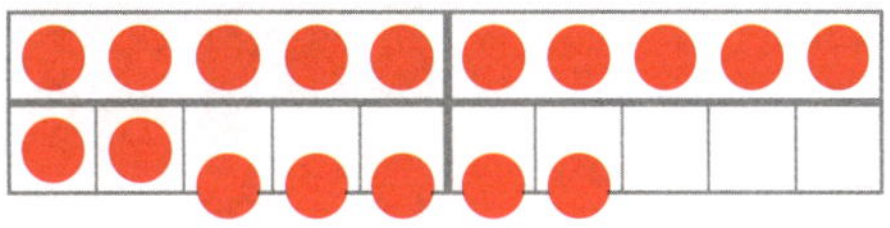

15 − 4 = ___

15 − 5 = ___

15 − 6 = ___

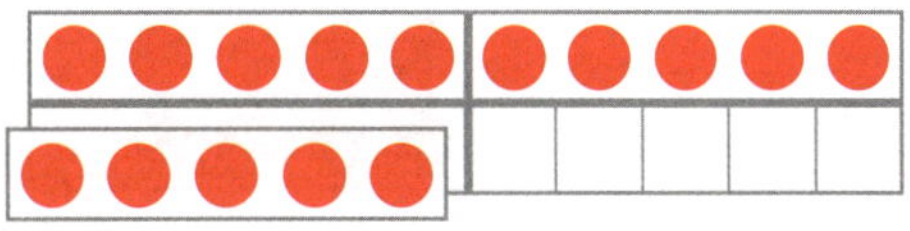

18 − 4 = ___

18 − 5 = ___

18 − 6 = ___

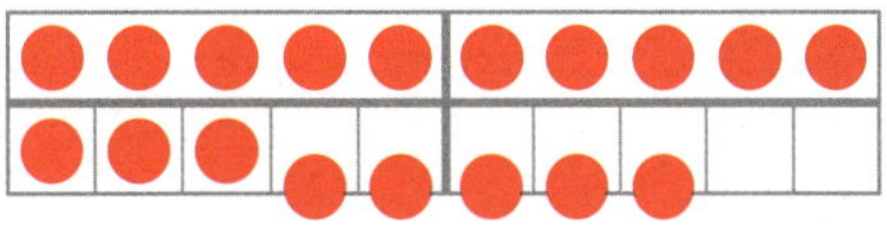

19 − 4 = ___

19 − 5 = ___

19 − 6 = ___

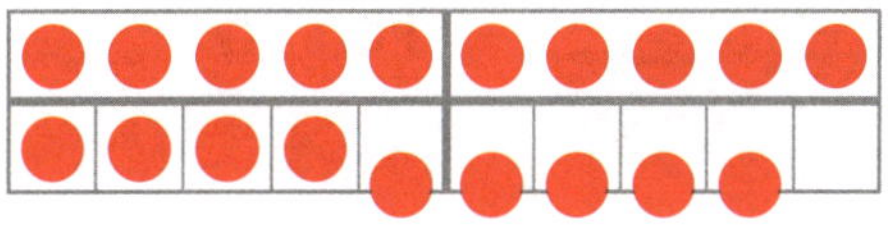

2 Immer zwei Nachbaraufgaben.

19 − 5 = ___

20 − 5 = ___

21 − 5 = ___

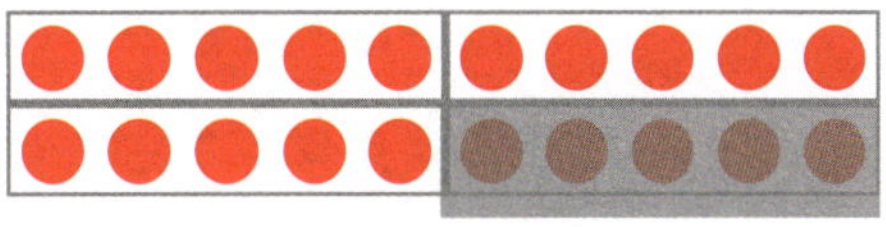

19 − 8 = ___

20 − 8 = ___

21 − 8 = ___

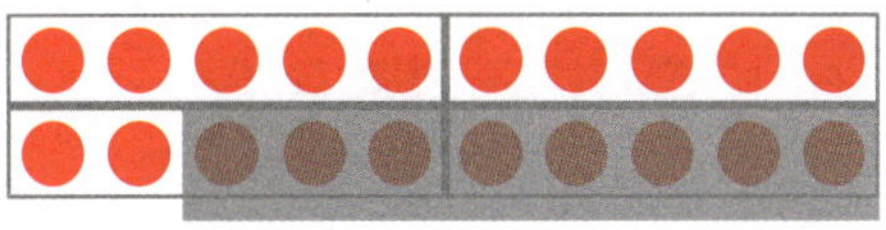

19 − 4 = ___

20 − 4 = ___

21 − 4 = ___

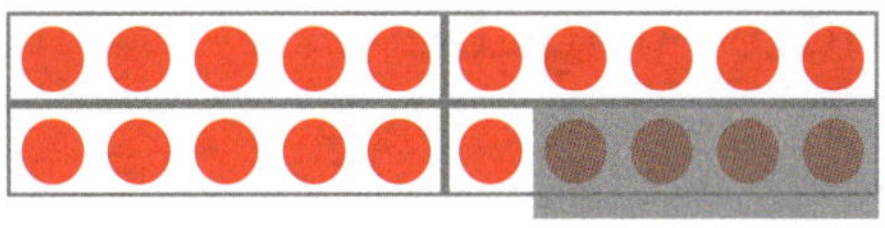

1, 2 Schwierige Aufgaben durch das Herleiten von einfachen Aufgaben lösen. 2 Erstmalige Veränderung des Minuenden nachlegen und thematisieren.

→ Schulbuch, Seiten 52/53

Schwierige Minusaufgaben

1 Rechne und vergleiche.

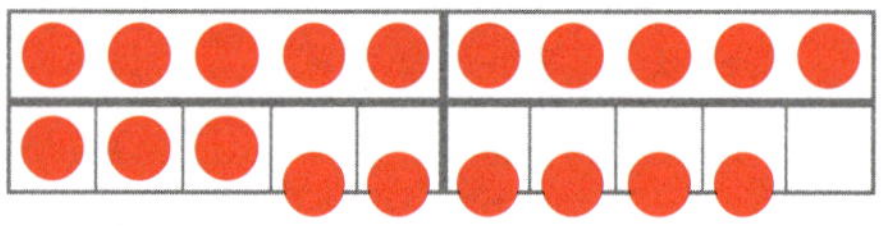

19 − 6 = ____

9 − 6 = ____

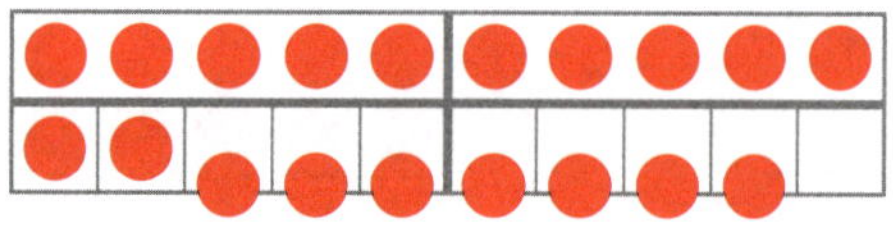

19 − 7 = ____

9 − 7 = ____

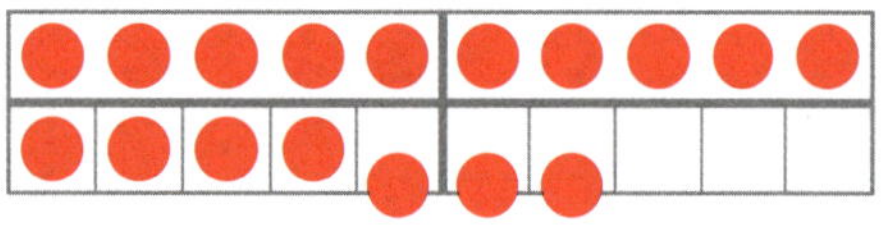

17 − 3 = ____

___ − ___ = ____

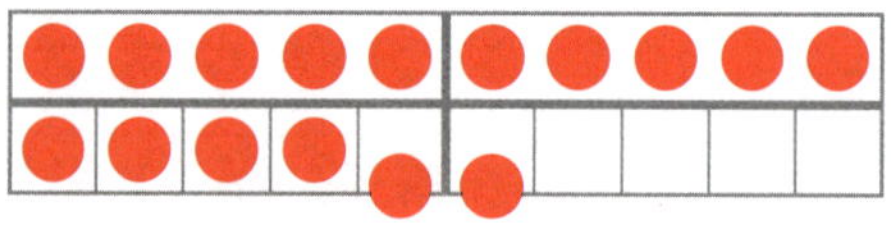

16 − 2 = ____

___ − ___ = ____

2 Rechne verwandte Aufgaben.

8 − 7 = ____	7 − 4 = ____	6 − 5 = ____	11 − 3 = ____
18 − 7 = ____	17 − 4 = ____	16 − 5 = ____	21 − 3 = ____

3 Rechne und vergleiche.

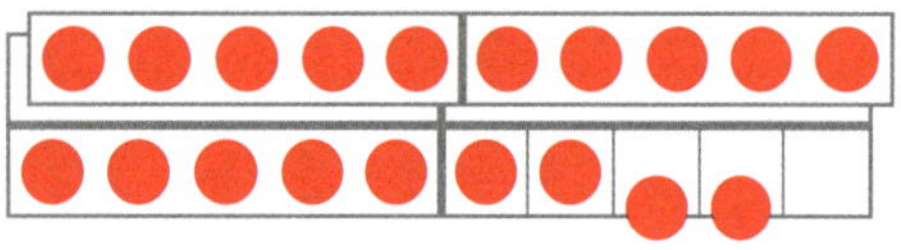

19 − 12 = ____

9 − 2 = ____

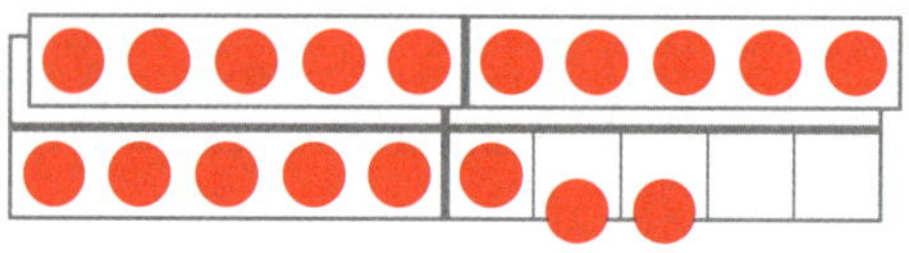

18 − 12 = ____

8 − 2 = ____

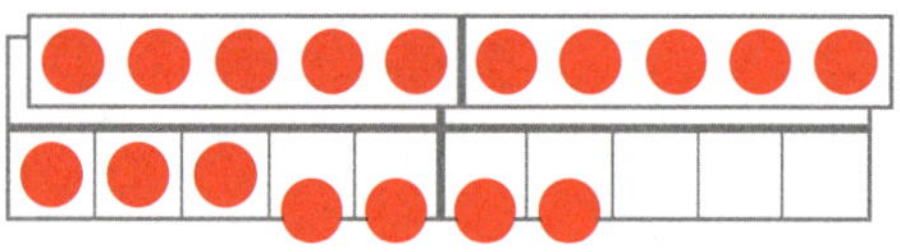

17 − 14 = ____

7 − ___ = ____

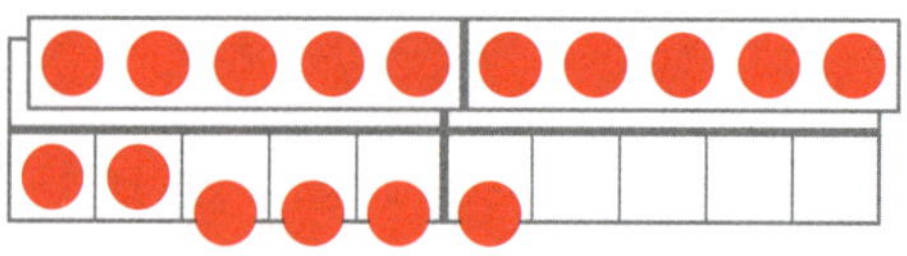

16 − 14 = ____

___ − ___ = ____

4 Rechne und finde verwandte Aufgaben.

9 − 3 = ____	8 − 6 = ____	7 − 3 = ____	9 − 7 = ____
19 − 13 = ____	18 − 16 = ____	___ − ___ = ____	___ − ___ = ____

1–4 Analogieaufgaben mit Zehnern und Einern zu Aufgaben im Zahlenraum bis 10 in Beziehung setzen. Begriff *verwandte Aufgaben* nutzen. Auffälligkeiten untersuchen und beschreiben.

→ Schulbuch, Seiten 52/53

Schwierige Minusaufgaben

1 Ergänze und vergleiche.

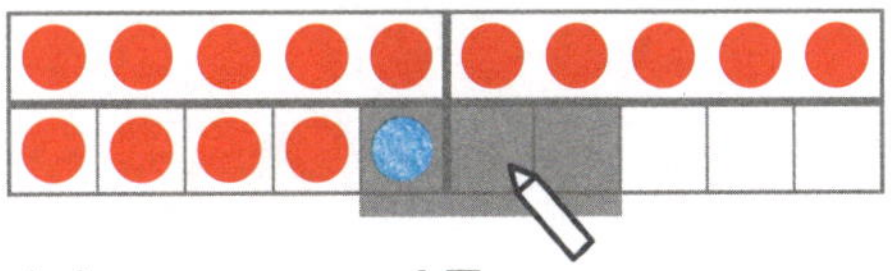

14 + ____ = 17

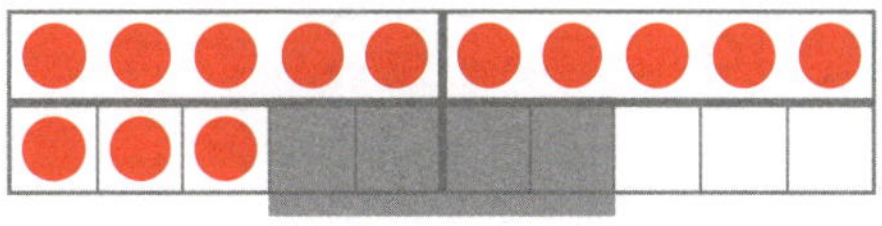

13 + ____ = 17

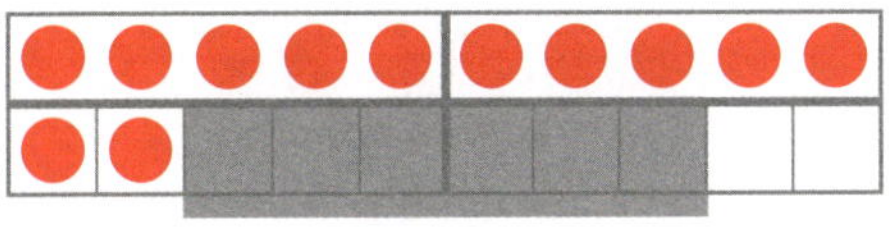

12 + ____ = 18

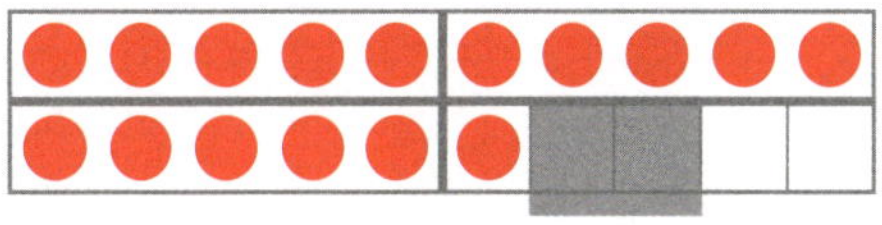

16 + ____ = 18

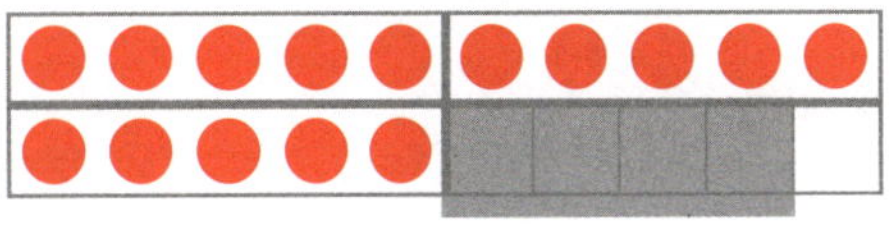

15 + ____ = 19

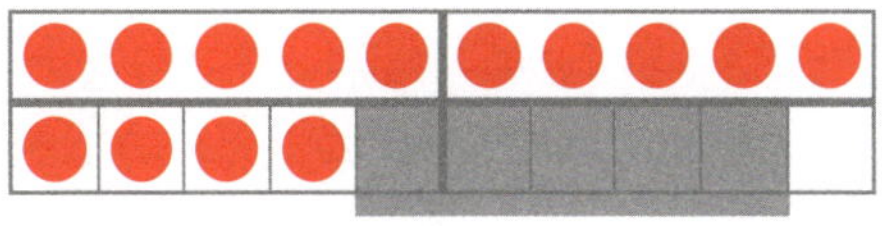

14 + ____ = 19

2 Lege, rechne und vergleiche.

13 + ____ = 15	11 + ____ = 15	14 + ____ = 15	12 + ____ = 15
3 + ____ = 5	1 + ____ = 5	____ + ____ = ____	____ + ____ = ____

3 Rechne immer beide Aufgaben.

7 + 2 = 9
9 − 7 = 2

6 + __ = 12	7 + __ = 11	8 + __ = 12	7 + __ = 13
12 − 6 = __	11 − 7 = __	12 − 8 = __	13 − 7 = __
8 + __ = 13	9 + __ = 15	14 + __ = 16	17 + __ = 19
13 − 8 = __	15 − 9 = __	16 − 14 = __	19 − 17 = __

1 Fehlende Anzahl ergänzen und Auffälligkeiten beschreiben. 2 Analogien erkennen. 3 Wegnehmen und Ergänzen miteinander vergleichen.

→ Schulbuch, Seite 54

1 Wie rechnest du?

16 – 9 =

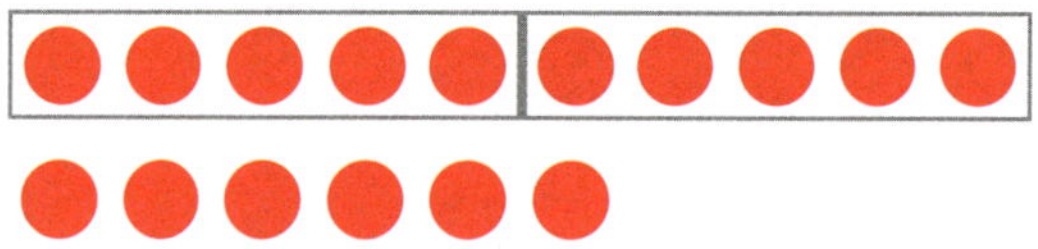

14 – 8 =

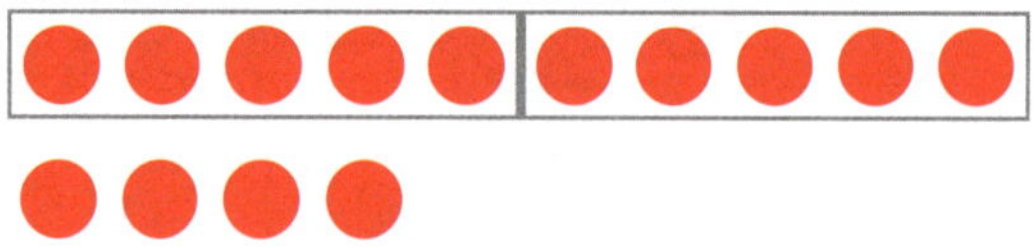

23 – 7 =

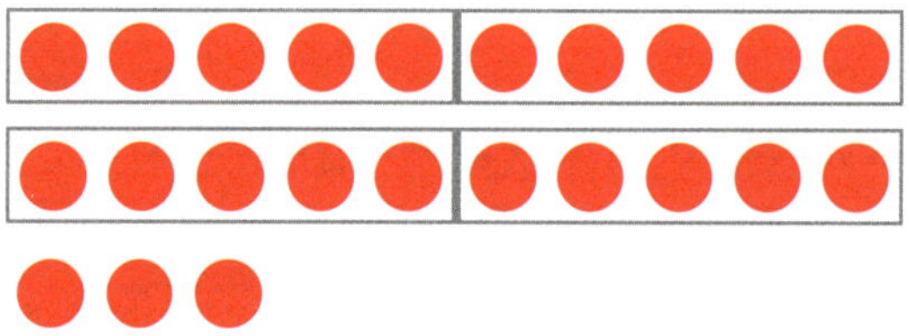

21 – 9 =

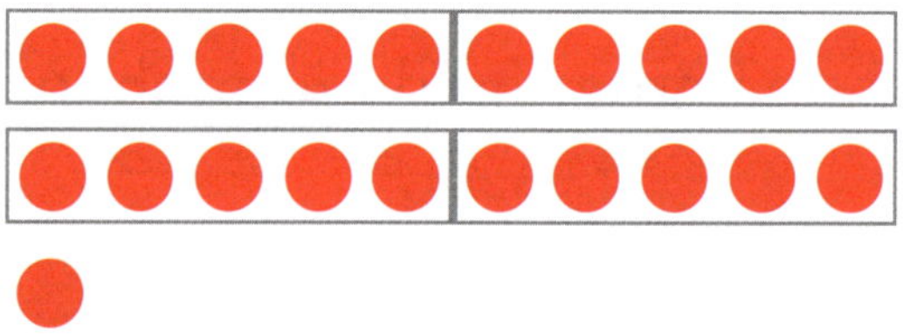

25 – 18 =

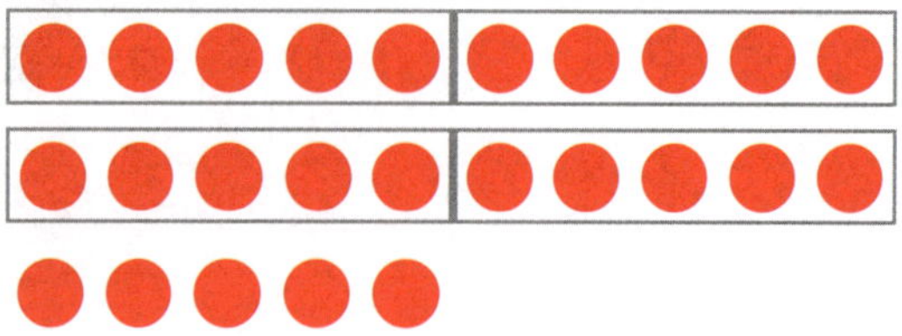

24 – 13 =

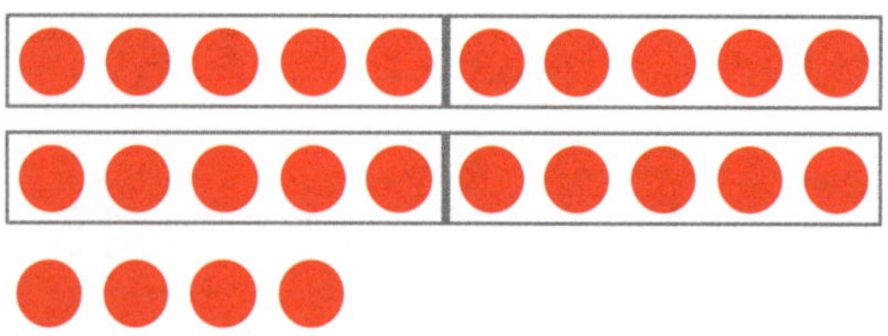

1 Rechenwege finden und notieren. Punktebild nutzen, indem Einer durchgestrichen oder eingekreist werden.

→ Schulbuch, Seite 56

Forschen und Finden: Schöne Päckchen

1 Schöne Päckchen mit Plusaufgaben. Setze fort.

14 + 2 = ____	10 + 4 = ____	13 + 12 = ____	15 + 8 = ____
15 + 3 = ____	11 + 5 = ____	14 + 11 = ____	14 + 9 = ____
16 + 4 = ____	12 + 6 = ____	15 + 10 = ____	13 + 10 = ____
17 + 5 = ____	13 + 7 = ____	16 + 9 = ____	12 + 11 = ____
__________	__________	__________	__________

Ordne zu:

Wenn beide Zahlen 1 größer werden, dann wird das Ergebnis 2 größer.	Wenn eine Zahl 1 größer und die andere Zahl 1 kleiner wird, dann bleibt das Ergebnis gleich.

2 Schöne Päckchen mit Minusaufgaben. Setze fort.

25 − 10 = ____	20 − 7 = ____	24 − 20 = ____	25 − 5 = ____
25 − 12 = ____	21 − 7 = ____	23 − 19 = ____	24 − 6 = ____
25 − 14 = ____	22 − 7 = ____	22 − 18 = ____	23 − 7 = ____
25 − 16 = ____	23 − 7 = ____	21 − 17 = ____	22 − 8 = ____
__________	__________	__________	__________

3 Schöne Päckchen. Wie kann es weitergehen?

Das Ergebnis bleibt gleich.	Das Ergebnis wird 2 größer.	Das Ergebnis bleibt gleich.
15 + 10 = 25	10 + 6 = 16	25 − 5 = 20
14 + ___ = 25	11 + ___ = 18	24 − ___ = 20
___ + ___ = 25	___ + ___ = 20	___ − ___ = 20
___ + ___ = 25	___ + ___ = 22	___ − ___ = 20

1, 2 Muster in den schönen Päckchen erkennen und fortsetzen sowie beschreiben. **3** Schöne Päckchen zu den Anforderungen selbst finden.

→ Schulbuch, Seite 57

Rückblick

1 Einfache Plusaufgaben.

13 + 1 = ___	10 + 4 = ___	11 + ___ = 20	2 + ___ = 20
1 + 12 = ___	7 + 10 = ___	13 + ___ = 20	4 + ___ = 20
5 + 6 = ___	5 + 5 = ___	9 + 9 = ___	4 + ___ = 8
5 + 8 = ___	7 + 5 = ___	8 + 8 = ___	7 + ___ = 14

2 Rechne die einfache Aufgabe zuerst.

mit 1	mit 10	= 20	mit 5
15 + 1 = ___	9 + 4 = ___	18 + 2 = ___	2 + 5 = ___
15 + 2 = ___	10 + 4 = ___	19 + 2 = ___	2 + 6 = ___

3 Einfache Minusaufgaben.

12 − 1 = ___	16 − 10 = ___	12 − ___ = 10	11 − ___ = 1
13 − 1 = ___	13 − 10 = ___	14 − ___ = 10	16 − ___ = 1

4 Einfache Minusaufgaben.

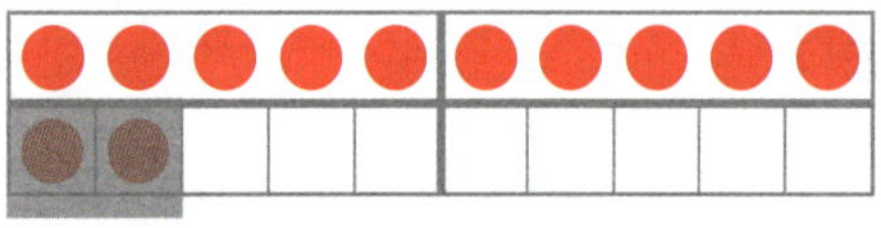

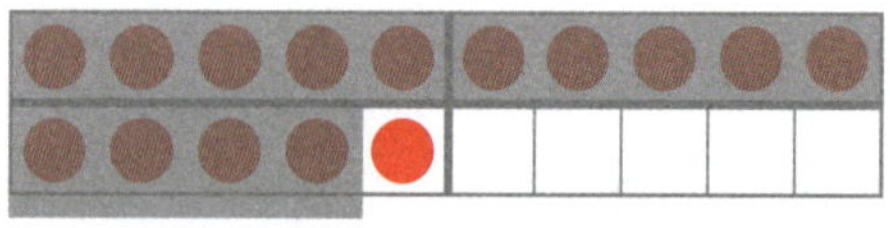

12 − ___ = 10	13 − ___ = 10	15 − ___ = 1	16 − ___ = 1
14 − ___ = 10	15 − ___ = 10	14 − ___ = 1	17 − ___ = 1

5 Rechne die einfache Aufgabe zuerst.

13 − 3 = ___	17 − 7 = ___	12 − 7 = ___	20 − 4 = ___
13 − 4 = ___	16 − 7 = ___	12 − 6 = ___	21 − 4 = ___

Wesentliche Inhalte des Kapitels noch einmal reflektieren, die eigenen Kompetenzen einschätzen.

→ Schulbuch, Seiten 58/59

Geldwerte

1 Immer 25 Euro. Lege und zeichne mit  .

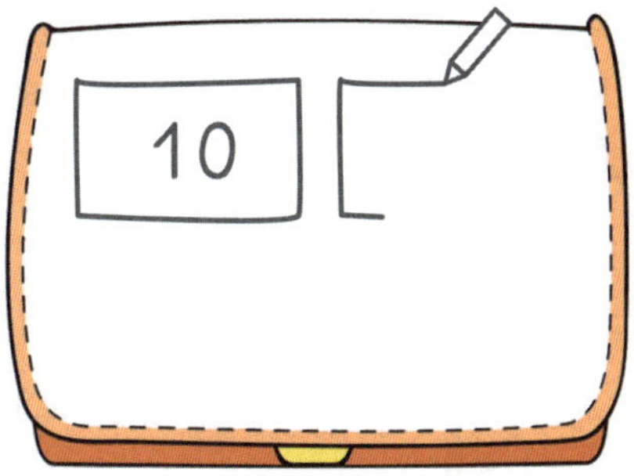

25 Euro

25 Euro

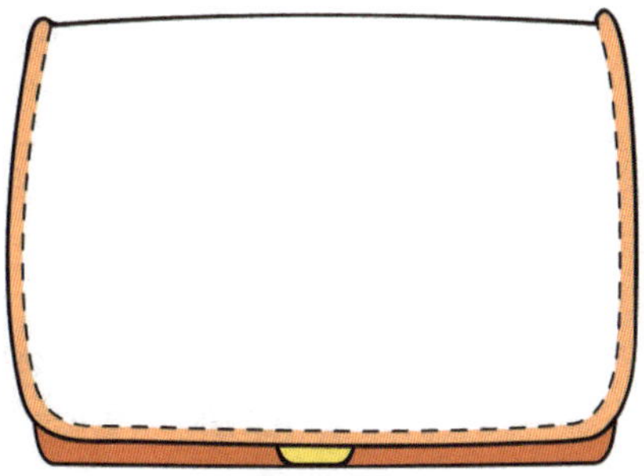

25 Euro

25 Euro

2 Wie viel Euro können es sein?  .

Lege und zeichne. Immer nur ein Schein und zwei Münzen.

5 (1) (1)	7 Euro
	___ Euro
	___ Euro
	___ Euro
	___ Euro

1 Verschiedene Möglichkeiten finden, um eine vorgegebene Summe zu legen. 2 Mit einer vorgegebenen Auswahl an Münzen und Scheinen unterschiedliche Summen aus einem Schein und zwei Münzen finden und berechnen.

→ Schulbuch, Seiten 60/61

Einkaufen und Bezahlen

1 Bezahle passend.

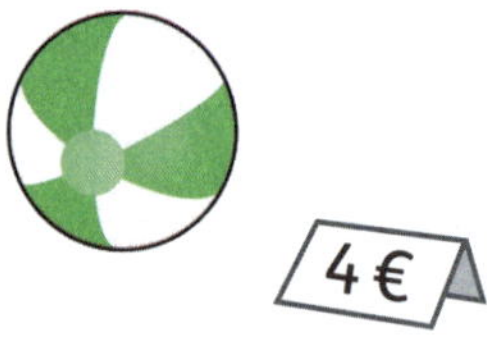

2 Wie viel Rückgeld?

Ina kauft: Sie gibt: Sie bekommt zurück:

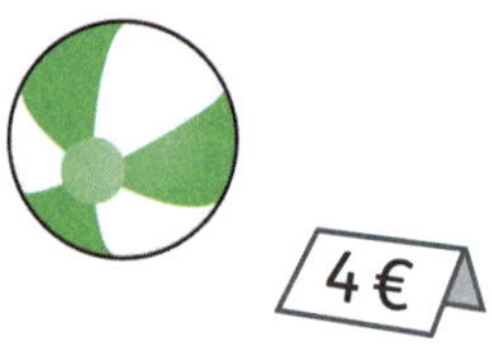

1 Rechengeld passend zum Kaufpreis legen und aufzeichnen. 2 Rückgeld berechnen und aufmalen.

→ Schulbuch, Seiten 62/63

Mit Geld rechnen

1 Wie viel kostet es?

2 € + ____ = ____

____ + ____ + ____ = ____

____ + ____ + ____ = ____

2 Was wurde bestellt? Zeichne.

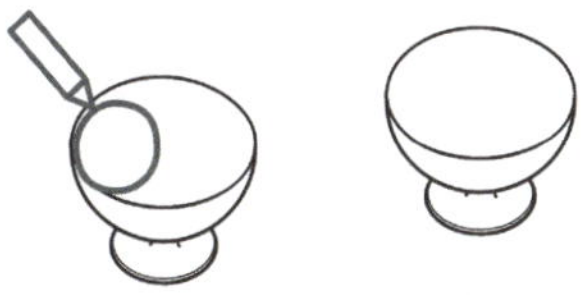

____ + ____ = 5 €

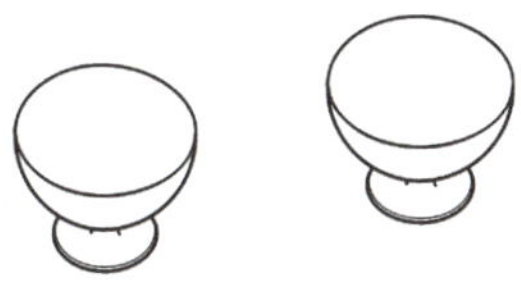

____ + ____ = 5 €

____ + ____ + ____ = 10 €

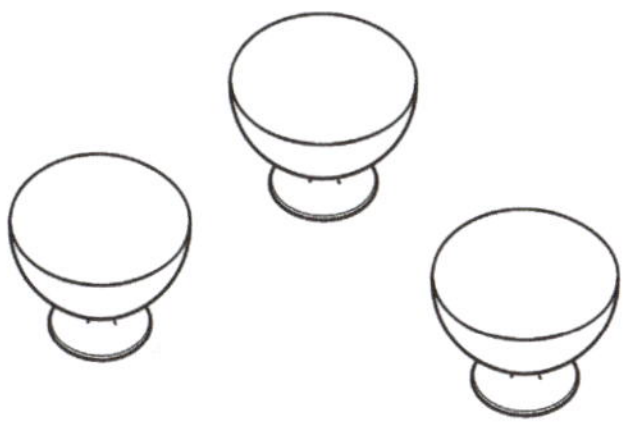

____ + ____ + ____ = 10 €

1 Preise berechnen, ggf. mit Rechengeld legen. **2** Eigene Wahlmöglichkeiten passend zum Geld aussuchen und zeichnen.

→ Schulbuch, Seiten 64/65

Malaufgaben in der Umwelt

1 Finde Plusaufgaben und Malaufgaben. Erzähle.

1 Kinder zum Erzählen über die Sachsituation anregen. Dabei auf die gleichmächtigen Mengen achten und ggf. einkreisen. Plus- und Malaufgaben finden.

→ Schulbuch, Seiten 66/67

Malaufgaben in der Umwelt

1 Welche Aufgaben passen zum Bild? Verbinde.

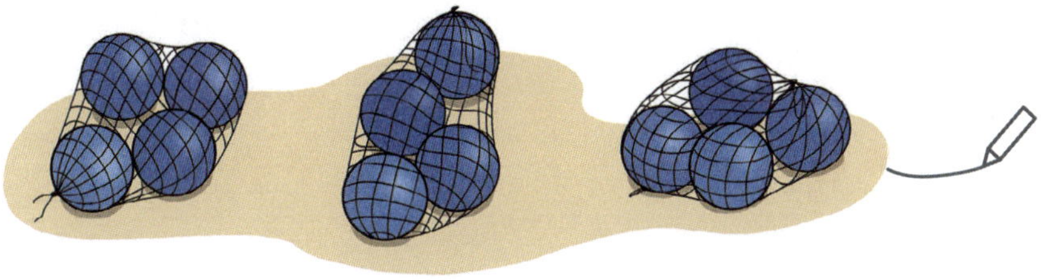

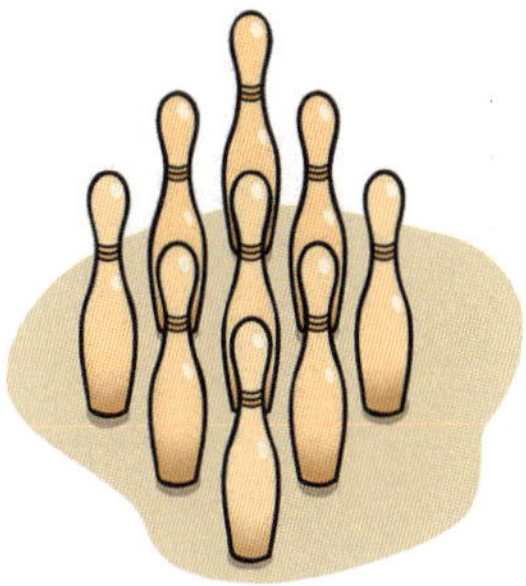

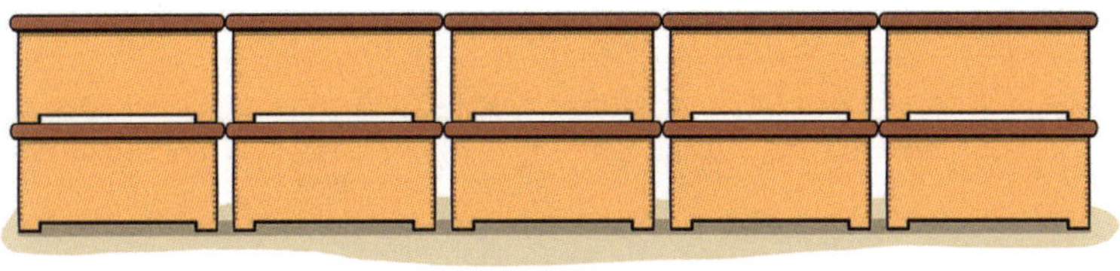

4 + 4 + 4

3 + 3 + 3

3 mal 4

3 mal 3

2 mal 3

5 mal 2

5 + 5

3 + 3

2 mal 5

2 Zeichne ein Bild. Schreibe passende Aufgaben.

1 Bilder beschreiben. Passende Terme zum Bild zuordnen. Es passt mindestens eine Plus- und eine Malaufgabe. Gleichmächtige Mengen können eingekreist werden. Zuordnung besprechen, thematisieren, wenn Tauschaufgaben zugeordnet wurden. Deutung erklären lassen. 2 Eigenes Bild zeichnen und passende Aufgaben finden.

→ Schulbuch, Seiten 66/67

Malaufgaben am Punktefeld

1 Lege nach und rechne.

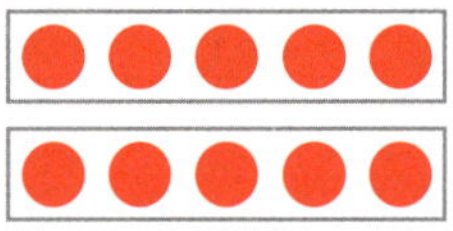

5 + 5 = 10

2 mal 5 = 10

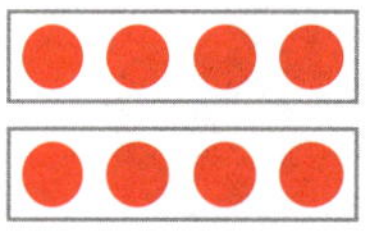

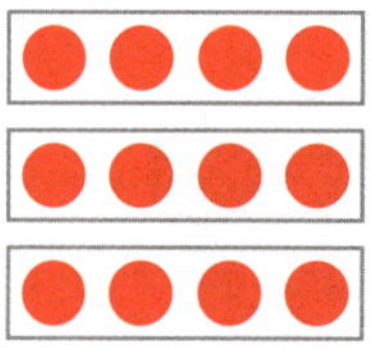

2 Immer mehr Streifen. Finde Aufgaben.

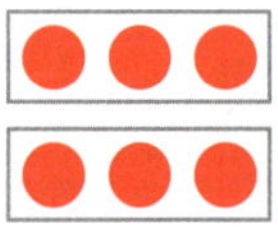

3 + 3 = 6

2 · 3 = 6

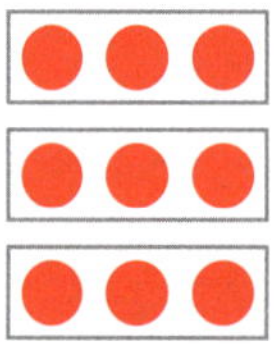

3 +

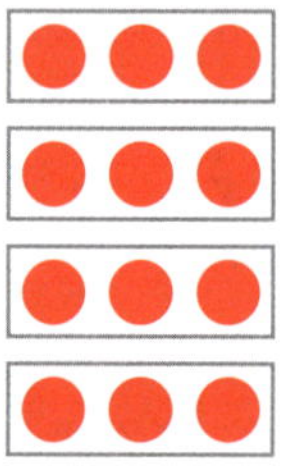

5

1 · 5 = 5

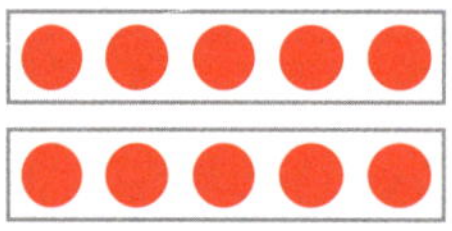

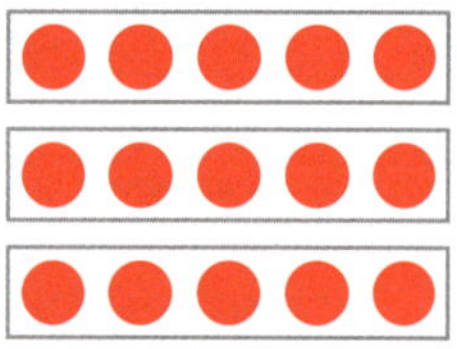

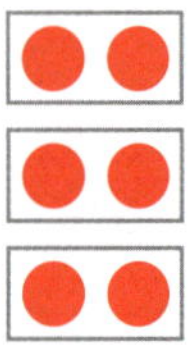

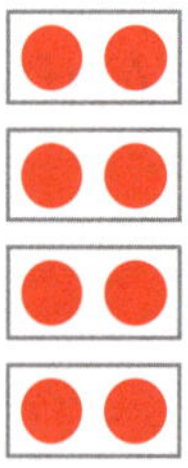

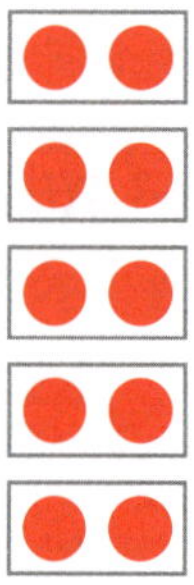

1 Zu Punktebildern je eine Plus- und eine Malaufgabe finden. 2 Punktebilder werden operativ verändert – immer eine Reihe mehr. Kinder erkennen und beschreiben die Veränderung. Notationsform mit Punkt für Malaufgaben nutzen.

→ Schulbuch, Seite 68

Malaufgaben am Punktefeld

1 Immer eine Reihe weiter. Finde die Malaufgabe.

1 · 5 = 5

· =

· =

3 · =

· =

· =

1 · =

· =

· =

5 · =

· =

· =

1 Zu Punktebildern je eine Malaufgabe finden. Punktebilder werden operativ verändert – immer eine Reihe mehr/weniger. Kinder erkennen und beschreiben die Veränderung, ggf. am 25er-Feld (Mini-Einmaleins) nachschieben.

→ Schulbuch, Seite 69

Tauschaufgaben

1 Zeige und rechne Aufgabe und Tauschaufgabe.

$2 \cdot 3 = 6$

$3 \cdot 2 =$ ___

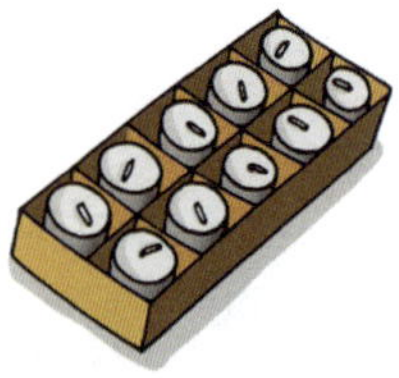

___

___

___

___

___

___

___

___

___

___

2 Finde Aufgabe und Tauschaufgabe.

$5 \cdot 3 =$ ___

$3 \cdot$ ___ $=$ ___

$2 \cdot$ ___ $=$ ___

___ $\cdot$ ___ $=$ ___

___ $\cdot$ ___ $=$ ___

___ $\cdot$ ___ $=$ ___

$3 \cdot 1 =$ ___

___ $\cdot$ ___ $=$ ___

___ $\cdot$ ___ $=$ ___

___ $\cdot$ ___ $=$ ___

___ $\cdot$ ___ $=$ ___

___ $\cdot$ ___ $=$ ___

1 Zu Sachsituation Aufgabe und Tauschaufgabe finden. 2 Punktefeld auf zwei verschiedene Weisen deuten. Aufgabe und Tauschaufgabe in einem Feld sehen.

→ Schulbuch, Seiten 70/71

Einfache Malaufgaben

1 Verdoppeln.

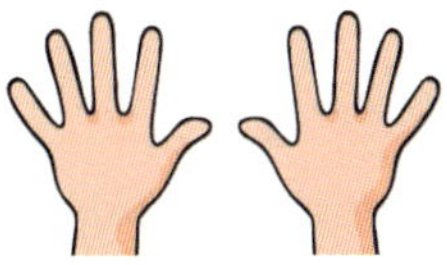

5 + 5 = 10

2 · 5 = 10

___ + ___ = ___

___ · ___ = ___

___ + ___ = ___

___ · ___ = ___

2 Einfach legen – einfach rechnen mit 1 mit 2.

1 · 3 = ___

2 · 3 = ___

1 · 4 = ___

2 · 4 = ___

1 · 5 = ___

2 · 5 = ___

1 · 1 = ___

2 · 1 = ___

3 Zeige mit dem Winkel und rechne mit 1 mit 2.

1 · 3 = ___
3 · 1 = ___

2 · 2 = ___
2 · 1 = ___

2 · 4 = ___
4 · 2 = ___

2 · 5 = ___
1 · 5 = ___

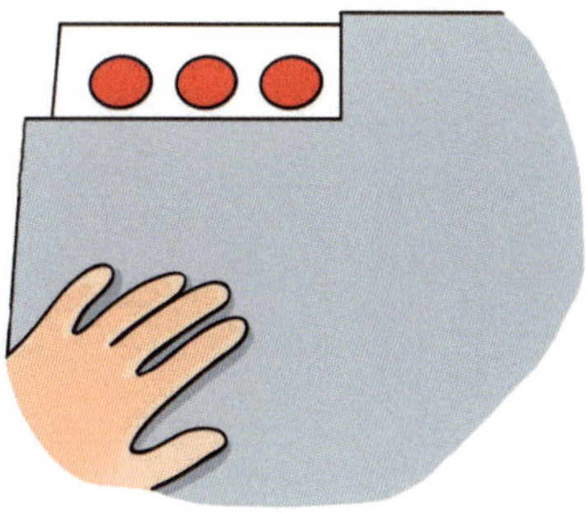

1 Verdopplungsaufgaben in der Umwelt als Plus- und Malaufgaben deuten. **2, 3** Aufgaben ‚mit 1' und ‚mit 2' lösen und in Beziehung setzen. **3** Einfache Malaufgaben legen und rechnen.

→ Schulbuch, Seite 72

Einfache Malaufgaben

1 Einfach legen – einfach rechnen mit 10.

$1 \cdot 3 =$ ____ | $10 \cdot 3 =$ ____

$1 \cdot 3 =$ ____	$1 \cdot 4 =$ ____	$1 \cdot 6 =$ ____	$1 \cdot 10 =$ ____
$10 \cdot 3 =$ ____	$10 \cdot 4 =$ ____	$10 \cdot 6 =$ ____	$10 \cdot 10 =$ ____

2 Einfach legen – einfach rechnen.

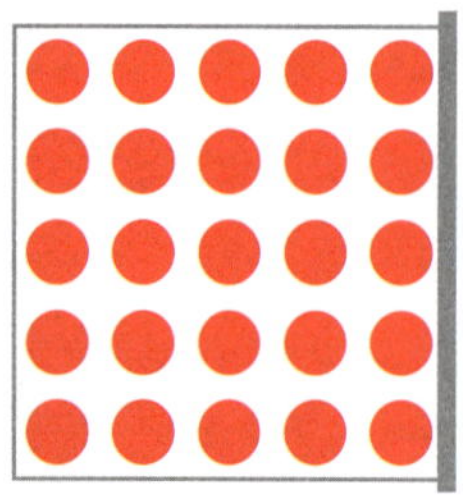

$5 \cdot 2 =$ ____	___ · ___ = ___	___ · ___ = ___	___ · ___ = ___

3 Einfach rechnen.

$3 \cdot 5 =$ ____	$5 \cdot 1 =$ ____	$2 \cdot 10 =$ ____	$4 \cdot 5 =$ ____
$2 \cdot 5 =$ ____	$5 \cdot 3 =$ ____	$10 \cdot 5 =$ ____	$4 \cdot 10 =$ ____
$5 \cdot 4 =$ ____	$5 \cdot 5 =$ ____	$3 \cdot 10 =$ ____	$1 \cdot 10 =$ ____
$5 \cdot 2 =$ ____	$10 \cdot 5 =$ ____	$10 \cdot 10 =$ ____	$10 \cdot 1 =$ ____

1 Aufgaben ‚mit 10' legen und rechnen. **2** Aufgaben ‚mit 5' finden und in Beziehung zueinander setzen. Aufgaben ‚mit 5' über strukturiertes Zählen und quasi-simultane Anzahlerfassung deuten. **3** Einfache Malaufgaben üben.

→ Schulbuch, Seite 73

Kernaufgaben und Tauschaufgaben

1 Einfache Aufgaben. Rechne und vergleiche.

4 · 5 = ___	3 · 5 = ___	2 · 5 = ___
4 · 10 = ___	3 · 10 = ___	2 · 10 = ___
10 · 5 = ___	10 · 6 = ___	10 · 10 = ___
5 · 5 = ___	5 · 6 = ___	5 · 10 = ___

2 Kernaufgaben rechnen.

1 · 2 = ___	1 · 3 = ___	1 · 4 = ___	1 · 5 = ___
2 · 2 = ___	2 · 3 = ___	2 · 4 = ___	2 · 5 = ___
5 · 2 = ___	5 · 3 = ___	5 · 4 = ___	5 · 5 = ___
10 · 2 = ___	10 · 3 = ___	10 · 4 = ___	10 · 5 = ___

3 Welche Aufgabe rechnest du?

☐ 5 · 2 = ___

☐ 2 · 5 = ___

☐ 1 · 5 = ___

☐ 5 · 1 = ___

4 Rechne.

1 · 1 = ___	5 · 5 = ___	4 · 5 = ___	3 · 2 = ___
2 · 2 = ___	10 · 10 = ___	5 · 4 = ___	2 · 3 = ___

1 Malaufgaben ‚mit 5' in den Darstellungen erkennen. Mal 5 als Halbierung von mal 10 erkennen. Tauschaufgaben ‚mit 5' erkennen. 2 Kernaufgaben rechnen und zunehmend sichern. 3 Nachbaraufgaben bilden. 4 Quadrataufgaben rechnen und zunehmend sichern, ggf. am Hunderterpunktefeld legen und Produkt geschickt bestimmen.

→ Schulbuch, Seiten 74/75

Schwierige Malaufgaben

1 Nachbaraufgaben mit 2.

2 · 4 = ____

3 · 4 = ____

Ein Vierer mehr sind 3 · 4.

Noah

2 · 5 = ____

3 · 5 = ____

2 · 3 = ____

3 · 3 = ____

2 · 6 = ____

3 · 6 = ____

2 Nachbaraufgaben mit 2.

1 · 3 = ____	1 · 4 = ____	1 · 2 = ____	1 · 5 = ____
2 · 3 = ____	2 · 4 = ____	2 · 2 = ____	2 · 5 = ____
3 · 3 = ____	3 · 4 = ____	3 · 2 = ____	3 · 5 = ____

3 Rechne geschickt mit 2.

2 · 2 = ____	2 · 3 = ____	2 · 4 = ____
4 · 2 = ____	4 · 3 = ____	4 · 4 = ____
2 · 2 = ____	2 · 1 = ____	2 · 5 = ____
3 · 2 = ____	3 · 1 = ____	4 · 5 = ____

1, 2 Nachbaraufgaben zu einer einfachen Aufgabe finden. Winkel gedanklich oder am Material verschieben. **3** Die einfachen Aufgaben ‚mit 2' zum Lösen der Aufgaben nutzen.

→ Schulbuch, Seite 76

1 Nachbaraufgaben mit 5 . Rechne erst die einfache Aufgabe.

5 · 3 = ___
4 · 3 = ___

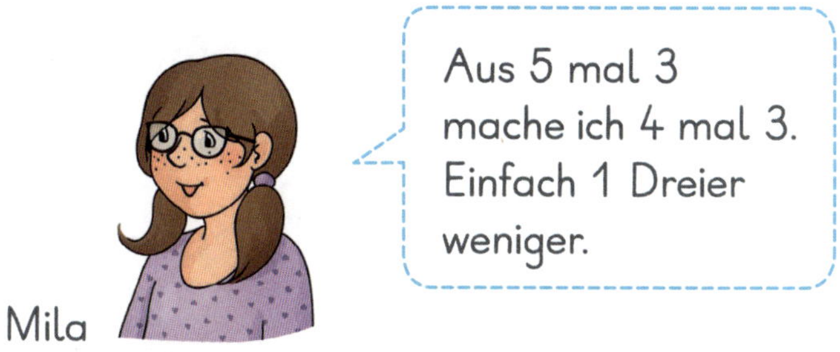

5 · 2 = ___ 4 · 2 = ___
5 · 5 = ___ 4 · 5 = ___
5 · 4 = ___ 4 · 4 = ___
5 · 5 = ___ 5 · 4 = ___

2 · 5 = ___ 2 · 4 = ___
3 · 5 = ___ 3 · 4 = ___
4 · 5 = ___ 4 · 4 = ___

2 Nachbaraufgaben Quadrat . Rechne erst die einfache Aufgabe.

3 · 3 = ___
4 · 3 = ___

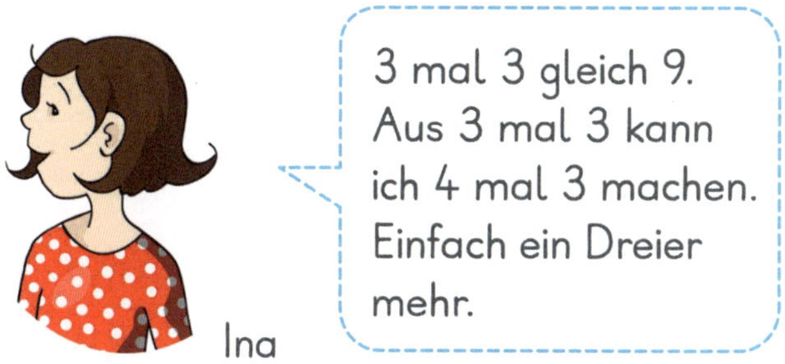

2 · 2 = ___ 3 · 2 = ___
3 · 3 = ___ 2 · 3 = ___
5 · 5 = ___ 4 · 5 = ___
4 · 4 = ___ 3 · 4 = ___

3 Schiebe den Winkel. Finde die Nachbaraufgaben.

___ · ___ = ___ 3 · 3 = ___ ___ · ___ = ___
___ · ___ = ___ 4 · 5 = ___ ___ · ___ = ___
___ · ___ = ___ 3 · 2 = ___ ___ · ___ = ___
___ · ___ = ___ 4 · 10 = ___ ___ · ___ = ___

1, 2 Nachbaraufgaben zu einer einfachen Aufgabe finden. Winkel gedanklich oder am Material verschieben. **3** Einfache Aufgabe zeigen und Winkel passend verschieben. Nachbaraufgaben finden und rechnen.

→ Schulbuch, Seite 76

Forschen und Finden: Die Einmaleins-Tafel

1 Beschreibe. Rechne einfache Aufgaben.

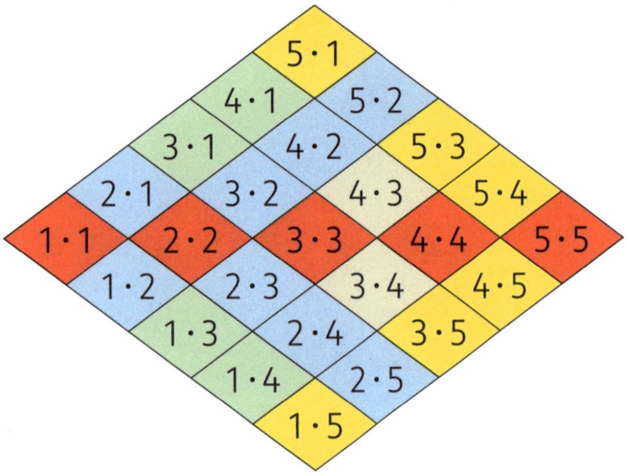

2 Finde die Aufgaben in der Einmaleins-Tafel. Male aus und rechne.

2 · 2 = ___
2 · 3 = ___
2 · 4 = ___
2 · 5 = ___

5 · 1 = ___
5 · 2 = ___
5 · 3 = ___
___ · ___ = ___

3 Finde die Aufgaben in der Einmaleins-Tafel. Male aus und rechne.

3 · 2 = ___
___ · ___ = ___
___ · ___ = ___
___ · ___ = ___

___ · ___ = ___
___ · ___ = ___
___ · ___ = ___
___ · ___ = ___

___ · ___ = ___
4 · 4 = ___
___ · ___ = ___
___ · ___ = ___

1 Orientierung auf dem Einmaleins-Tafelausschnitt. Anordnung, Farbgebung und Aufgaben beschreiben. Dabei einfache Aufgaben berechnen. **2, 3** Aufgaben auf der Einmaleins-Tafel finden und farblich markieren. Aufgaben in Beziehung setzen. Dabei schwierige Aufgaben mithilfe von einfachen berechnen.

→ Schulbuch, Seite 79

Rückblick

1 Schreibe und rechne Plusaufgaben und Malaufgaben zu den Bildern.

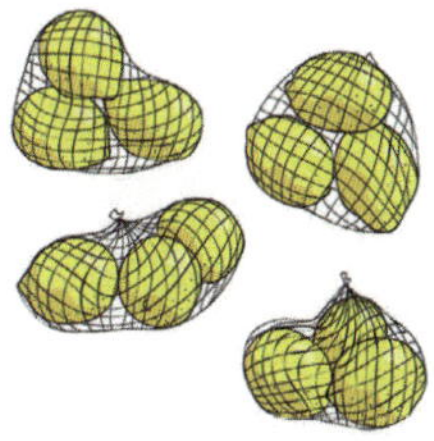

2 Einfach legen – einfach rechnen.

___ · ___ = ___   ___ · ___ = ___   ___ · ___ = ___   ___ · ___ = ___

3 Tauschaufgaben.

2 · 5 = ___	1 · 4 = ___	3 · 10 = ___	3 · 2 = ___
5 · 2 = ___	4 · 1 = ___	10 · 3 = ___	2 · 3 = ___

4 Einfache Aufgaben .

2 · 2 = ___	5 · 5 = ___	2 · 10 = ___	10 · 2 = ___
3 · 2 = ___	3 · 5 = ___	3 · 10 = ___	5 · 2 = ___

5 Rechne zuerst die einfache Aufgabe.

5 · 3 = ___	2 · 4 = ___	3 · 5 = ___	2 · 3 = ___
4 · 3 = ___	3 · 4 = ___	3 · 4 = ___	3 · 3 = ___

Wesentliche Inhalte des Kapitels noch einmal reflektieren, die eigenen Kompetenzen einschätzen.

→ Schulbuch, Seiten 80/81

Spiegeln

1 Lege und zeichne die Spiegelachse.

Aus ... mache ... ... und auch ...

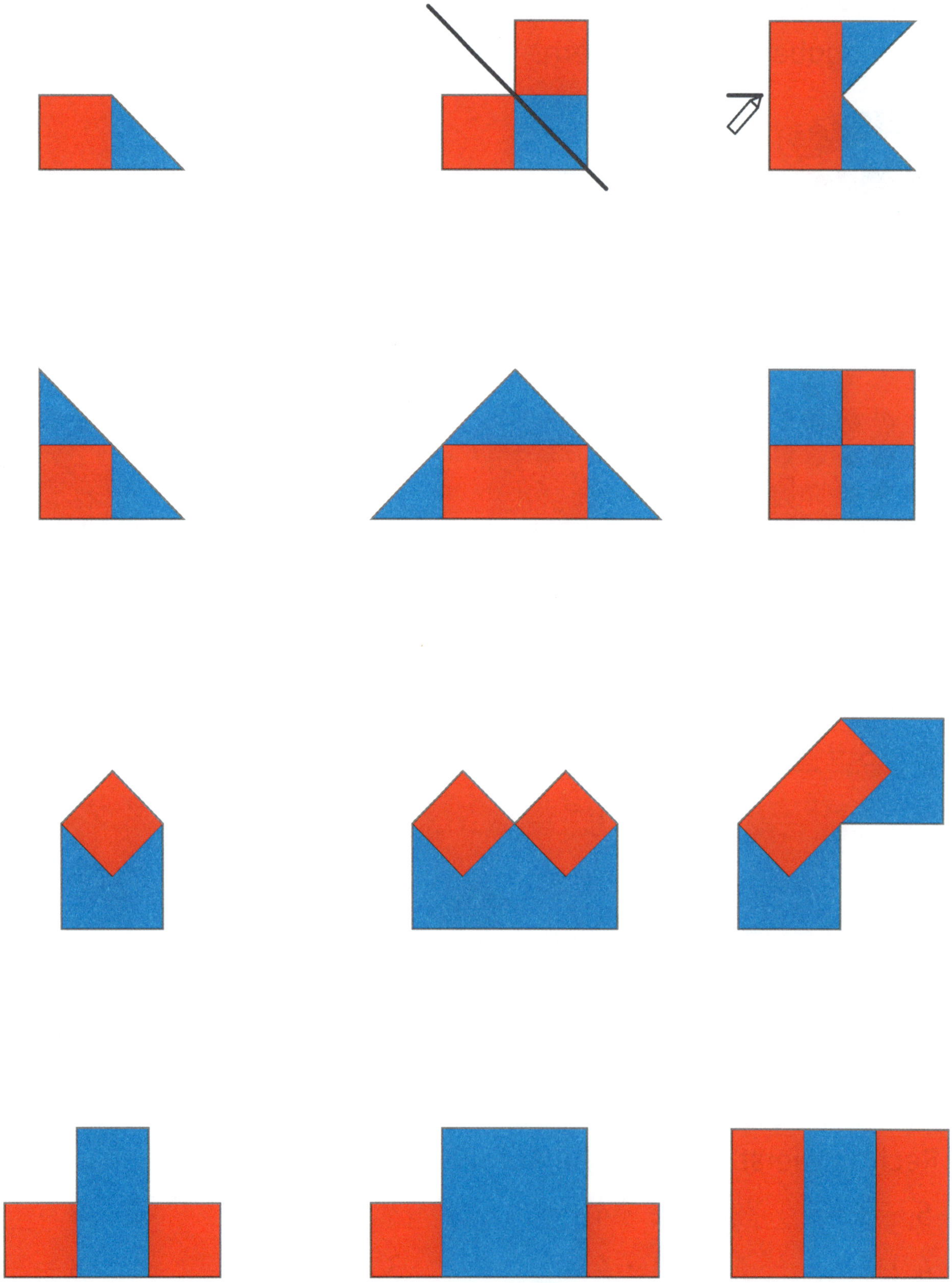

1 Ausgangsfigur nachlegen und daraus durch Spiegeln die beiden vorgegebenen, unterschiedlichen Spiegelfiguren erzeugen. Anschließend Spiegelachsen einzeichnen.

→ Schulbuch, Seiten 84/85

Spiegeln

1 Spiegle die Figur und zeichne.

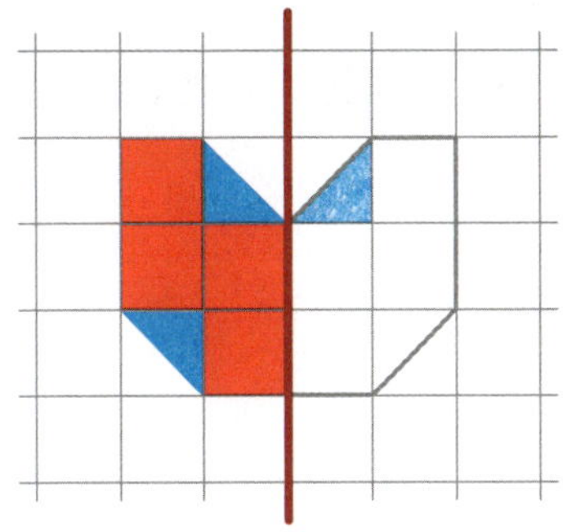

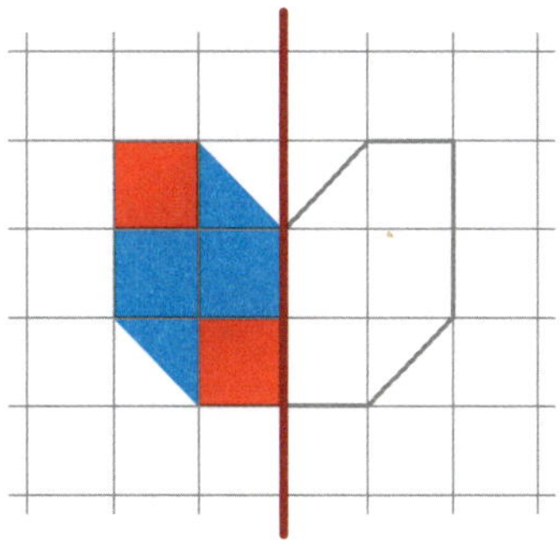

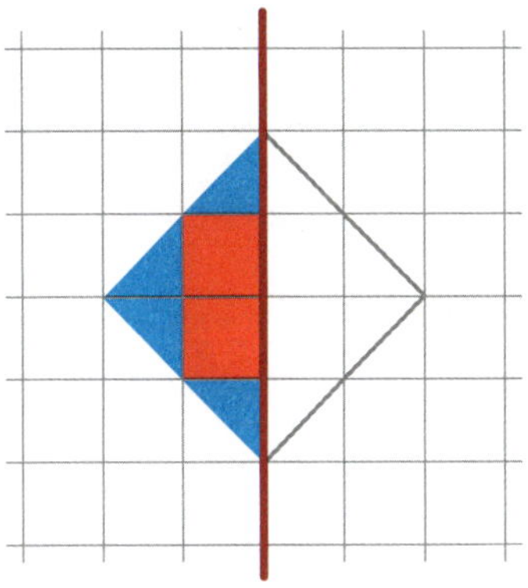

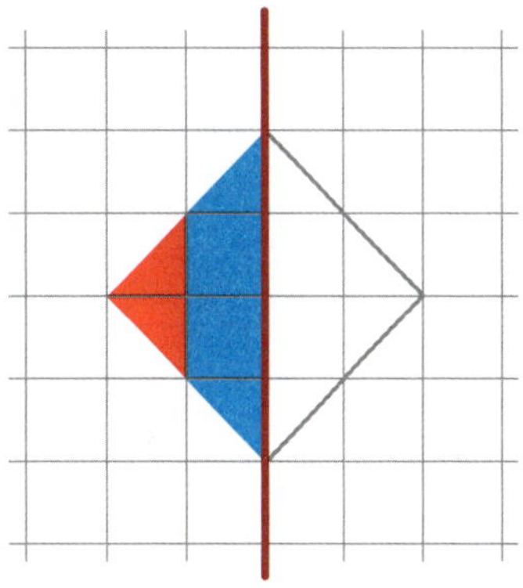

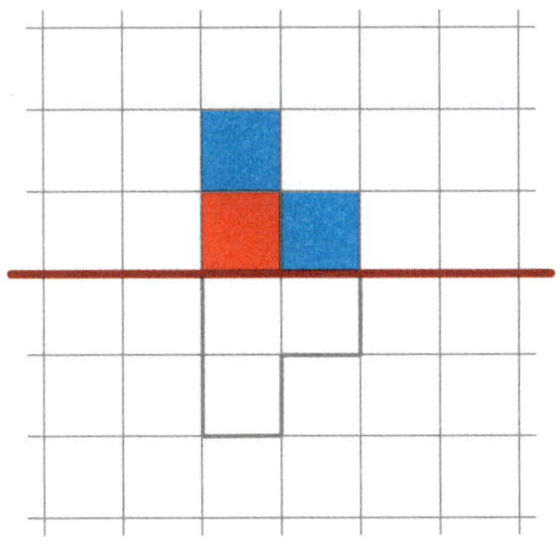

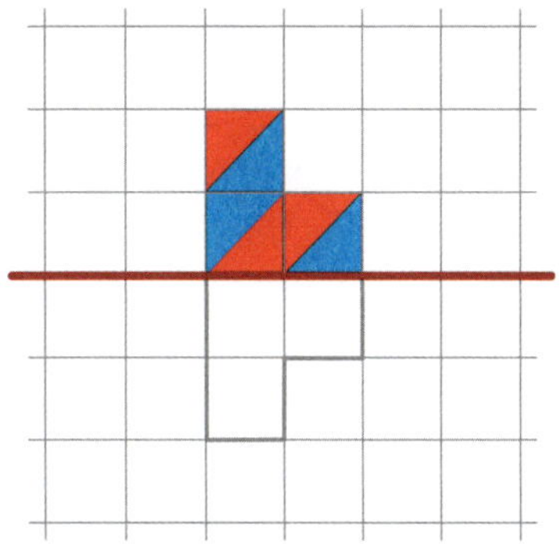

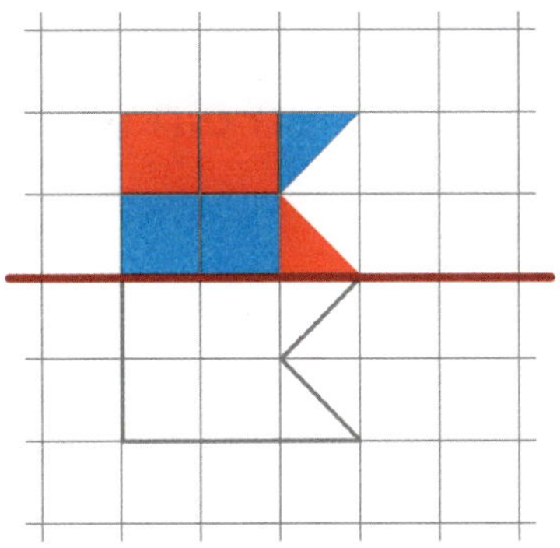

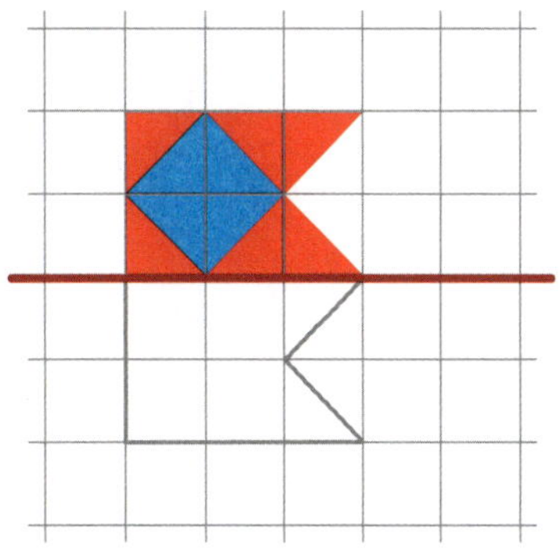

1 Figuren spiegeln und symmetrisch ergänzen.

→ Schulbuch, Seiten 84/85

Teilen in der Umwelt

1 Bilde Gruppen.

Immer 3 Kinder zusammen.

___ Gruppen

12 : 3 = ___

Immer 2 Kinder zusammen.

___ Gruppen

12 : 2 = ___

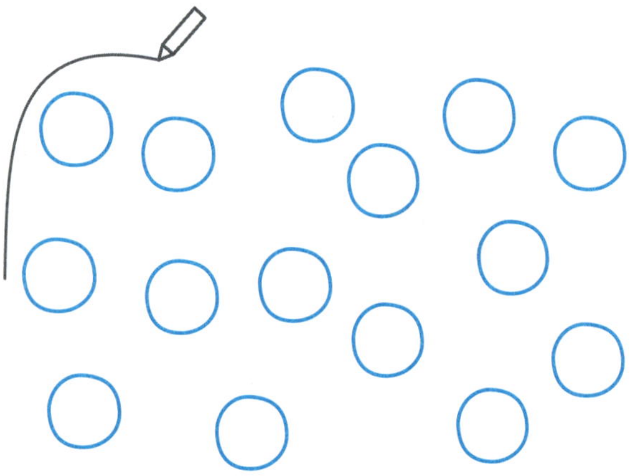

Immer 5 Bälle in ein Netz.

___ Netze

15 : 5 = ___

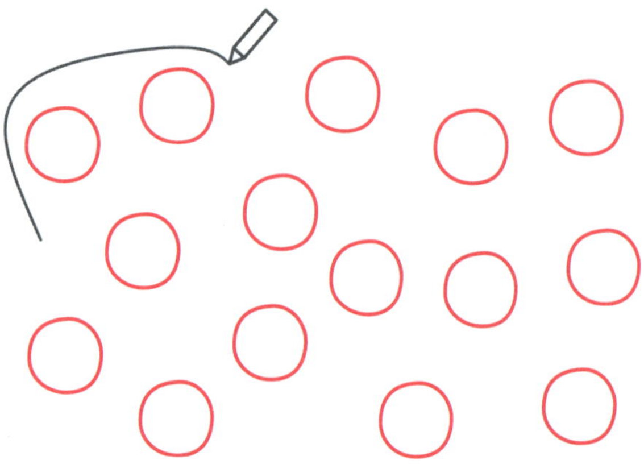

Immer 3 Bälle in ein Netz.

___ Netze

15 : 3 = ___

1 Geteiltaufgaben am Sachbild lösen. Schwerpunkt Division als Aufteilen.

→ Schulbuch, Seiten 88/89

Teilen in der Umwelt

1 Bilde Gruppen. Kreise ein und rechne.

12 Zitronen.

Immer 3 Zitronen .

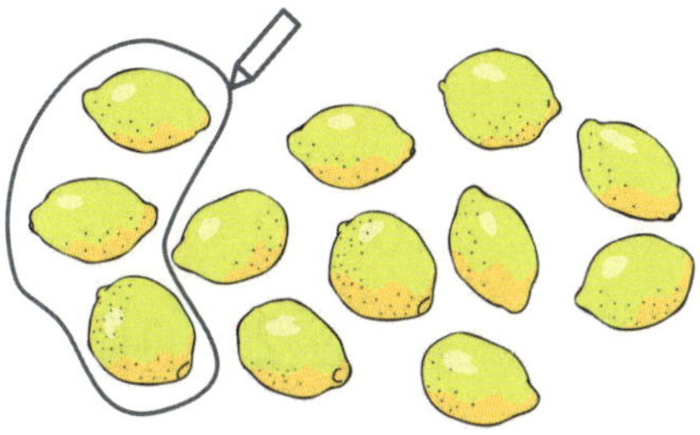

___ Gruppen

12 : 3 = ___

15 Zitronen.

Immer 3 Zitronen .

___ Gruppen

15 : 3 = ___

20 Birnen.

Immer 4 Birnen 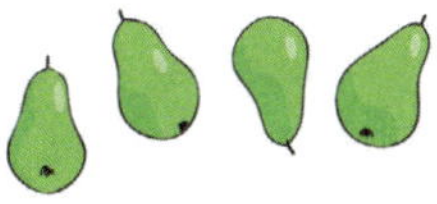.

___ Gruppen

20 : 4 = ___

16 Birnen.

Immer 4 Birnen .

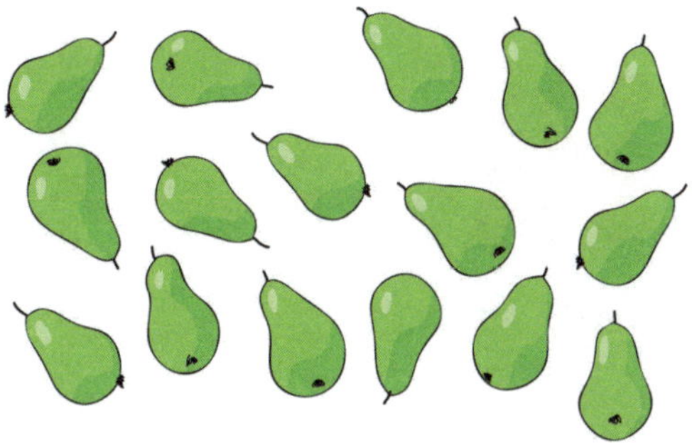

___ Gruppen

16 : 4 = ___

2 Finde die Geteiltaufgabe. Zeichne und rechne.

12 Äpfel. Immer 4 Äpfel.

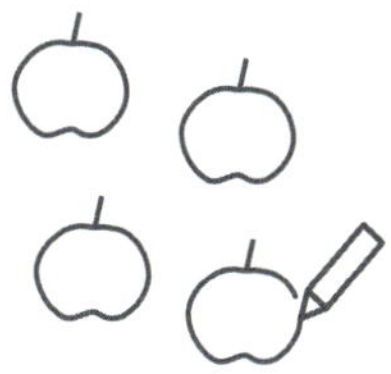

20 Äpfel. Immer 5 Äpfel.

Umkehraufgaben

1 Aufgaben und Umkehraufgaben.

20 : 4 = 5

___ · 4 = 20

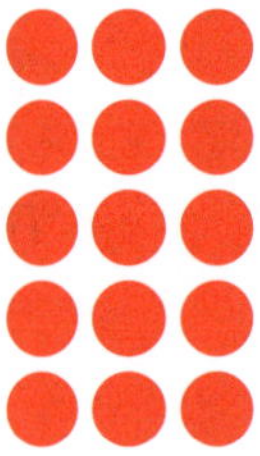

15 : 3 = ___

___ · 3 = 15

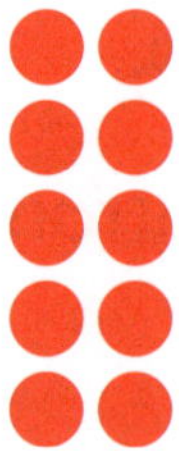

10 : 2 = ___

___ · 2 = 10

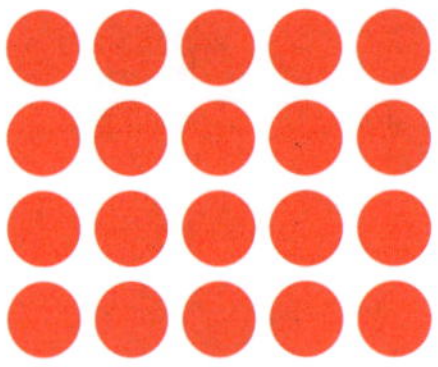

20 : 5 = ___

___ · 5 = 20

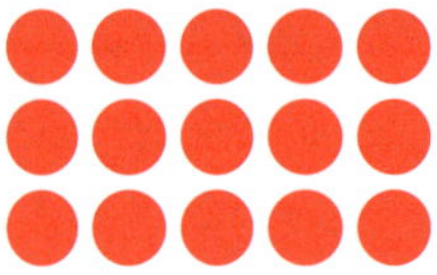

15 : 5 = ___

___ · 5 = 15

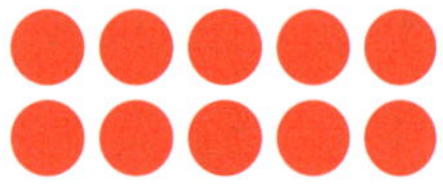

10 : 5 = ___

___ · 5 = 10

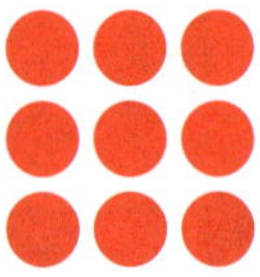

9 : 3 = ___

___ · ___ = ___

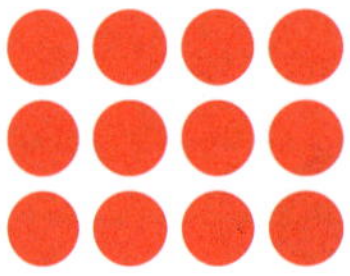

12 : 4 = ___

___ · ___ = ___

3 : 1 = ___

___ · ___ = ___

2 Schreibe die Umkehraufgabe. Rechne.

6 : 3 = ___

___ · 3 = 6

4 : 2 = ___

___ · ___ = ___

12 : 4 = ___

___ · ___ = ___

3 Finde Aufgabenpaare.

3	4	12

___ : ___ = ___

___ · ___ = ___

2	4	8

___ : ___ = ___

___ · ___ = ___

___	___	___

___ : ___ = ___

___ · ___ = ___

1 Geteiltaufgabe als Umkehraufgabe zur Malaufgabe finden und lösen. Felder werden zeilenweise gelesen. 2 Umkehraufgaben finden. 3 Aufgabenpaare aus Mal- und Geteiltaufgabe finden.

→ Schulbuch, Seiten 90/91

Forschen und Finden: Rechenketten

1

Start				Ziel
5	$\cdot 2$ →	☐	$+ 5$ →	☐
5	$\cdot 4$ →	☐	$- 5$ →	☐

Start				Ziel
5	$\cdot 3$ →	☐	$+ 5$ →	☐
5	$\cdot 5$ →	☐	$- 5$ →	☐

2

Start				Ziel
10	$\cdot 2$ →	☐	$+ 10$ →	☐
10	$\cdot 4$ →	☐	$- 10$ →	☐

Start				Ziel
10	$\cdot 3$ →	☐	$+ 10$ →	☐
10	$\cdot 5$ →	☐	$- 10$ →	☐

3 Was fällt dir auf?

Start				Ziel
5	$\cdot 4$ →	☐	$+ 5$ →	☐
5	$\cdot 3$ →	☐	$+ 10$ →	☐
5	$\cdot 2$ →	☐	$+ 15$ →	☐

Start				Ziel
2	$\cdot 5$ →	☐	$+ 10$ →	☐
2	$\cdot 4$ →	☐	$+ 12$ →	☐
2	$\cdot 3$ →	☐	$+ 14$ →	☐

4 Finde passende Rechneketten.

Start				Ziel
10	$\cdot 4$ →	☐	→	50
10	$\cdot 3$ →	☐	→	50

Start				Ziel
5	$\cdot 4$ →	☐	→	10
5	$\cdot 5$ →	☐	→	10

1–3 Übungsformat Rechenketten erkunden, vergleichen und Auffälligkeiten beschreiben. **4** Multiplikative und additive bzw. subtraktive Rechnungen durchführen und aufeinander beziehen.

→ Schulbuch, Seite 101

Rückblick

1 Finde Aufgaben zu den Bildern.

______________________ ______________________

2 Aufgaben und Umkehraufgaben rechnen.

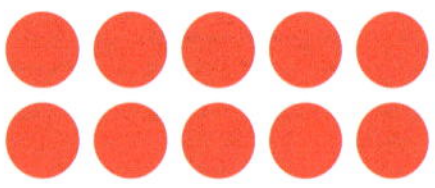

10 : 5 = ___

___ · 5 = 10

12 : 3 = ___

___ · 3 = 12

16 : 4 = ___

___ · 4 = 16

3 Schreibe die Umkehraufgabe. Rechne.

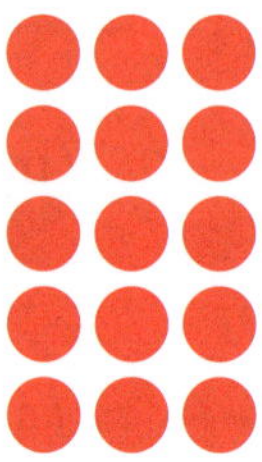

15 : 3 = ___

___ · ___ = ___

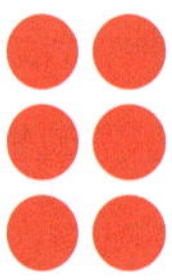

6 : 2 = ___

___ · ___ = ___

20 : 4 = ___

___ · ___ = ___

Wesentliche Inhalte des Kapitels noch einmal reflektieren, die eigenen Kompetenzen einschätzen.

→ Schulbuch, Seiten 102/103

1 Alle Tiere machen 4 Sprünge. Wie viele Meter weit springen sie?

2 m Sprung

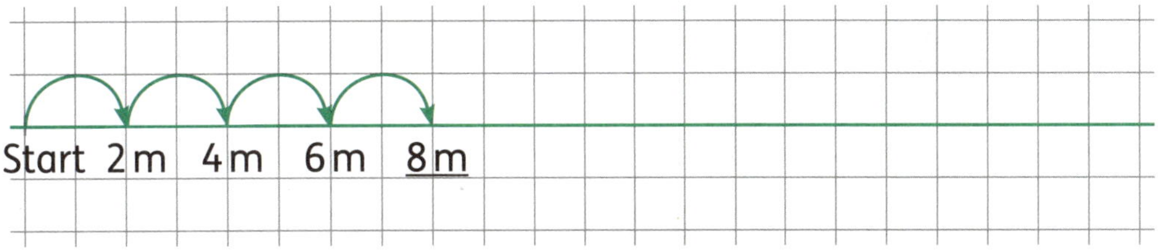

3 m Sprung

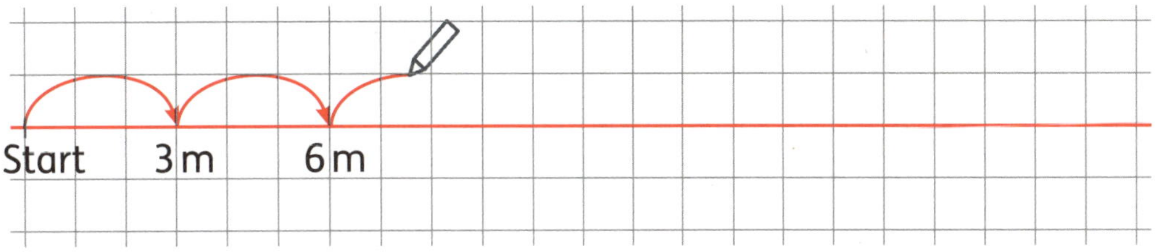

5 m Sprung

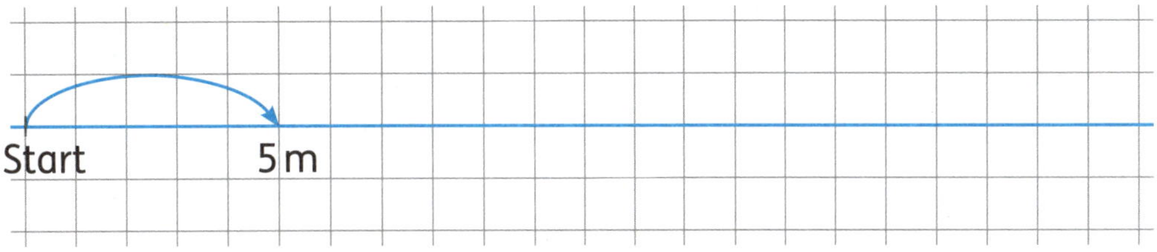

4 m Sprung

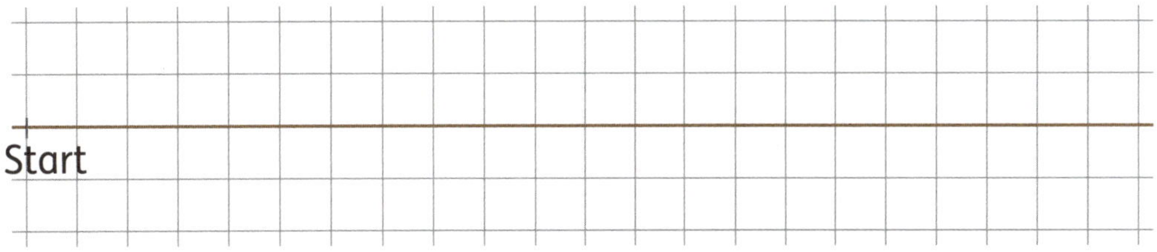

Wer kommt am weitesten? ______________________ Wie weit? ______

2 Was stimmt? Kreuze an.

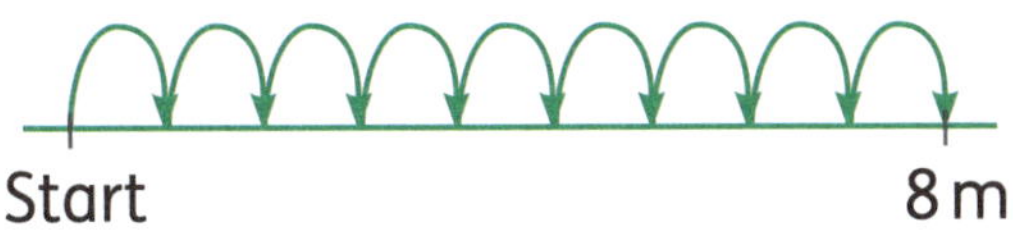

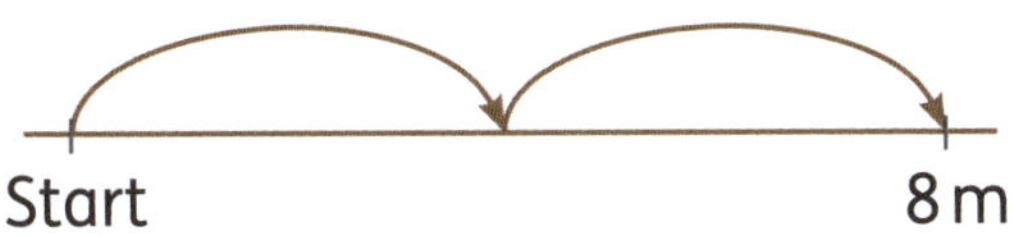

☐ Das  macht den weitesten Sprung.

☐ Die  braucht 4 Sprünge bis 8m.

☐ Das  braucht doppelt so viele Sprünge wie das .

1 Wer sitzt neben wem?

Rechts von mir sitzt ____________.

Mir gegenüber sitzt ____________.

Links von mir sitzt ____________.

Mir gegenüber sitzt ____________.

2 Lege und überlege. Welche Ansicht gehört zu welchem Kind?

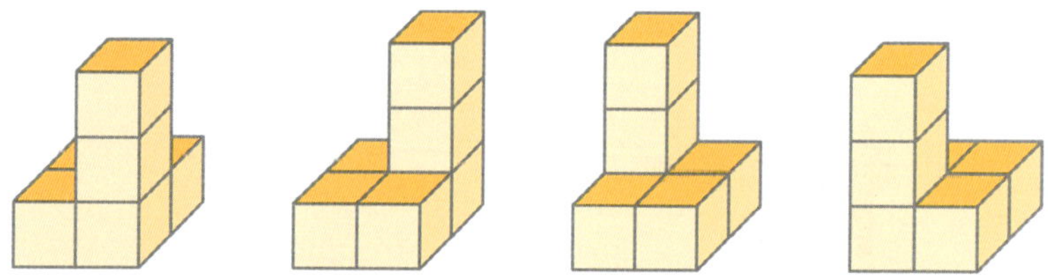

3 Lege und überlege. Welche Ansicht gehört zu welchem Kind?

1 Raumlagebegriffe mit Bezug zur Illustration interpretieren (evtl. konkret nachstellen). **2, 3** Würfelgebäude nachbauen und aus den verschiedenen Perspektiven betrachten (ggf. auf einem drehbaren Teller). Erklären, wie das Kind das Gebäude sieht, und dazu Anzahl der Würfel zur Begründung heranziehen.

→ Schulbuch, Seiten 112/113

Straßenpläne: Eckenhausen

1 Eva geht zur Schule. Zeichne die Wege ein.

→ → ↑ ↑ → →

↑ → → → → ↑

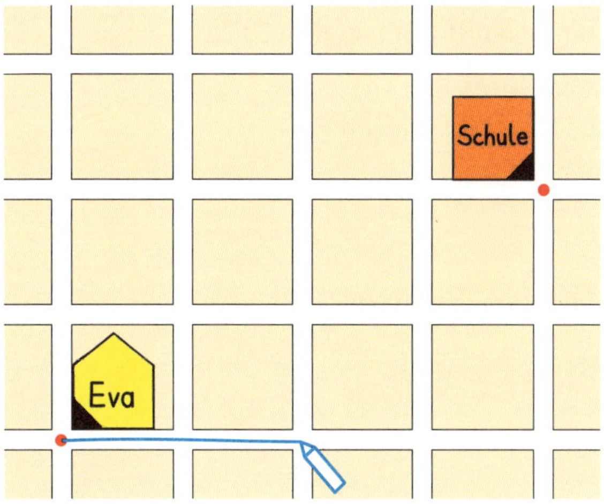

Wie kann Eva noch gehen?

2 Finde Wege. Zeichne ein und schreibe mit Pfeilen.

Leo geht zur Schule.

→

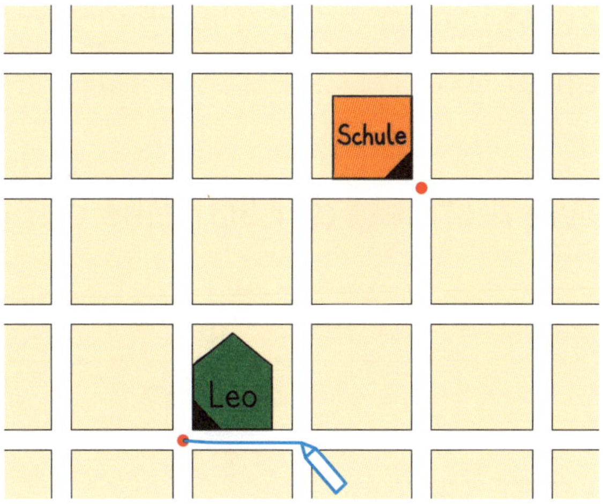

Ina geht zur Kirche.

→

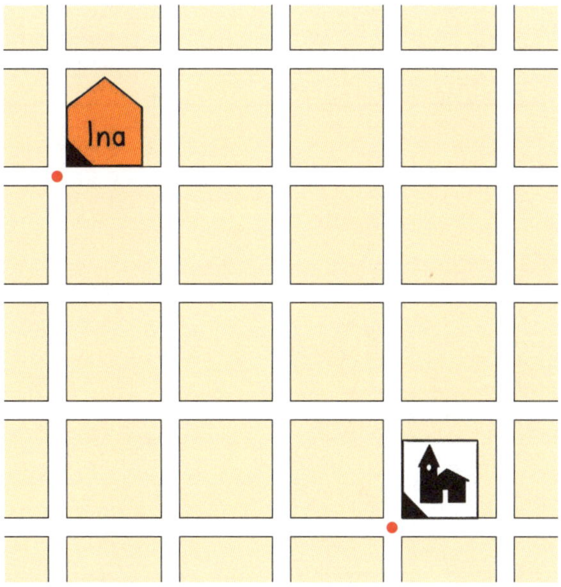

1, 2 Wege mithilfe von Pfeilen im Plan einzeichnen und notieren. Raumlagebegriffe (*nach links, rechts* oder *nach oben, unten*) verwenden. Auch eigene Wege finden und beschreiben.

→ Schulbuch, Seiten 114/115

Rechenwege bei Plusaufgaben beschreiben

1 Wie rechnest du? Beschreibe die Rechenwege.

In Schritten vorwärts:

15 + 8 = 23

Erst zum Zehner.

15 + 5 = 20
20 + 3 = 23

Hilfsaufgabe:

Einer extra:

15 + 8 = 23

15 + 10 = 25
25 − 2 = 23

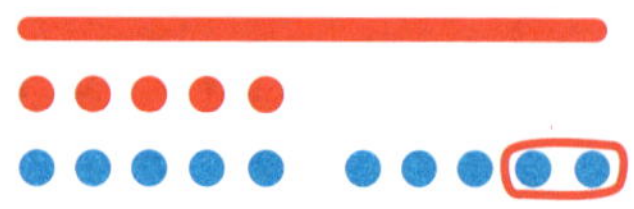

12 + 13 = 20 + 5 = 25

Zehner und Einer extra:

10 + 10
2 + 3

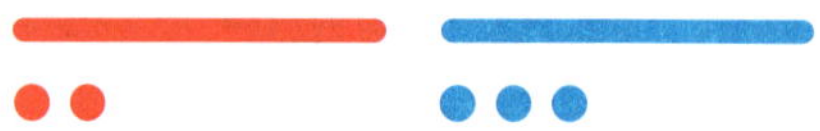

2 Wie rechnest du? Schreibe auf und zeichne.

15 + 7 =

12 + 11 =

13 + 8 =

1 Rechenwege nachvollziehen und besprechen. Evtl. auch stärkere Betonung des Rechnens mit „Zehner und Einer extra“ durch die Addition zweistelliger Zahlen (KV). 2 Rechenwege nutzen, notieren und darstellen.

→ Schulbuch, Seiten 116/117

Rechenwege bei Plusaufgaben beschreiben

1 Rechne geschickt. Kreuze an.

14 + 9 =

☐ in Schritten vorwärts
☐ Hilfsaufgabe
☐ Zehner und Einer extra

16 + 8 =

☐ in Schritten vorwärts
☐ Hilfsaufgabe
☐ Zehner und Einer extra

13 + 11 =

☐ in Schritten vorwärts
☐ Hilfsaufgabe
☐ Zehner und Einer extra

2 Rechne und vergleiche.

10 + 6 = ____
9 + 7 = ____

10 + 4 = ____
9 + 5 = ____

5 + 20 = ____	20 + 2 = ____	10 + 8 = ____	7 + 10 = ____
6 + 19 = ____	18 + 4 = ____	12 + 6 = ____	6 + 11 = ____
10 + 14 = ____	10 + 13 = ____	12 + 10 = ____	14 + 10 = ____
8 + 16 = ____	8 + 15 = ____	13 + 9 = ____	15 + 9 = ____

1 Rechenweg eigenständig wählen und ankreuzen. Zum Ausprobieren und Finden passender Strategien können die Aufgaben vorab mit Streifen und Plättchen gelegt werden. 2 Aufgaben zueinander in Beziehung setzen. Rechenvorteile nutzen.

→ Schulbuch, Seiten 116/117

Rechenwege bei Minusaufgaben beschreiben

1 Wie rechnest du 25 – 18? Beschreibe die Rechenwege.

In Schritten zurück:

25 – 18 = 7

Erst Zehner weg, dann Einer weg.

25 – 10 = 15
15 – 8 = 7

Hilfsaufgabe:

25 – 18 = 7

25 – 20 = 5
5 + 2 = 7

25 – 18 = 10 – 3 = 7

Zehner und Einer extra:

20 – 10
5 – 8

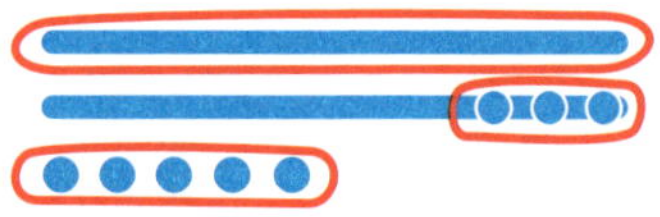

2 Wie rechnest du? Schreibe auf und zeichne.

24 – 17 =

23 – 19 =

25 – 16 =

1 Rechenwege nachvollziehen und besprechen. Evtl. auch Hinführung zum Rechnen mit „Ergänzen“ (KV). 2 Rechenwege nutzen, notieren und darstellen.

→ Schulbuch, Seiten 118/119

Rechenwege bei Minusaufgaben beschreiben

1 Rechne geschickt. Kreuze an.

24 − 19 =

- ☐ in Schritten zurück
- ☐ Hilfsaufgabe
- ☐ Zehner und Einer extra

21 − 15 =

- ☐ in Schritten zurück
- ☐ Hilfsaufgabe
- ☐ Zehner und Einer extra

18 − 12 =

- ☐ in Schritten zurück
- ☐ Hilfsaufgabe
- ☐ Zehner und Einer extra

2 Rechne und vergleiche. Was fällt dir auf? Erkläre.

20 − 3 = ____
21 − 4 = ____

20 − 5 = ____
21 − 6 = ____

20 − 7 = ____	15 − 4 = ____	19 − 9 = ____	10 − 8 = ____
22 − 9 = ____	17 − 6 = ____	21 − 11 = ____	11 − 9 = ____
22 − 10 = ____	24 − 10 = ____	23 − 10 = ____	25 − 10 = ____
21 − 9 = ____	23 − 9 = ____	22 − 9 = ____	24 − 9 = ____

1 Rechenweg eigenständig wählen und ankreuzen. Zum Ausprobieren und Finden passender Strategien können die Aufgaben vorab mit Streifen und Plättchen gelegt werden. 2 Aufgaben zueinander in Beziehung setzen. Rechenvorteile nutzen.

→ Schulbuch, Seiten 118/119

1 Vergleiche. < oder > oder =?

3 · 4 (>) 10

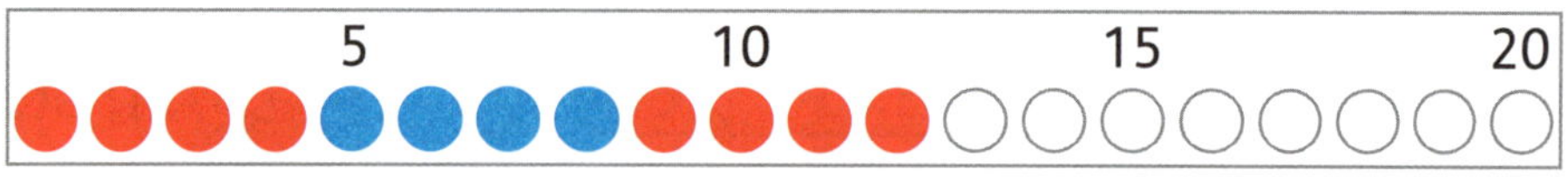

3 · 3 ◯ 10

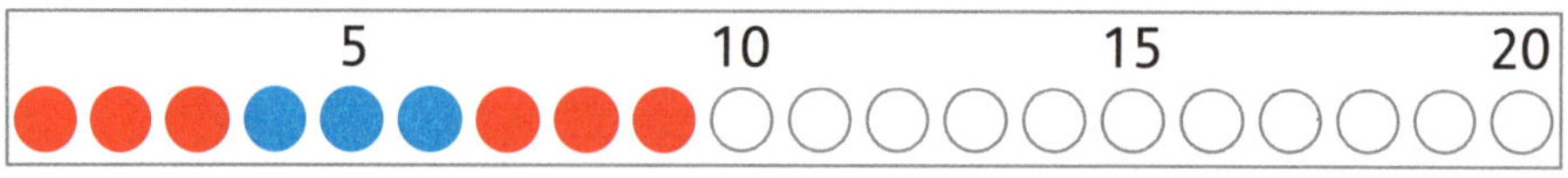

6 · 3 ◯ 10

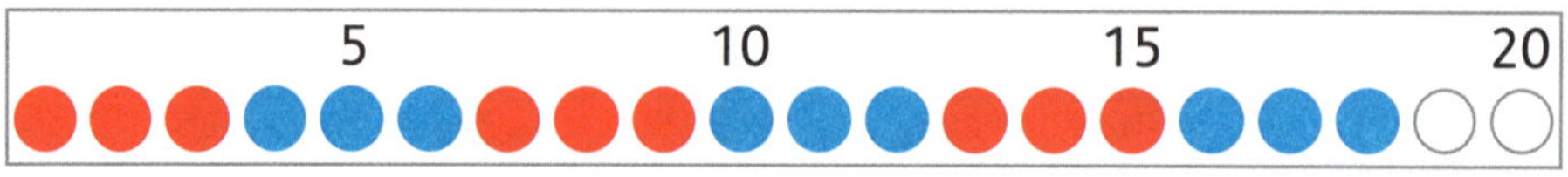

7 · 3 ◯ 10

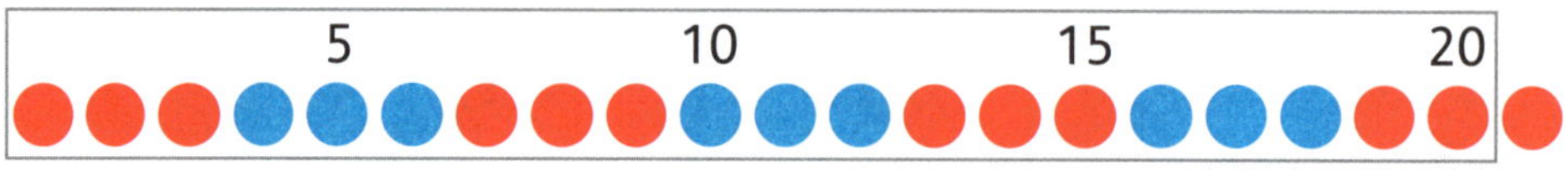

5 · 4 ◯ 10

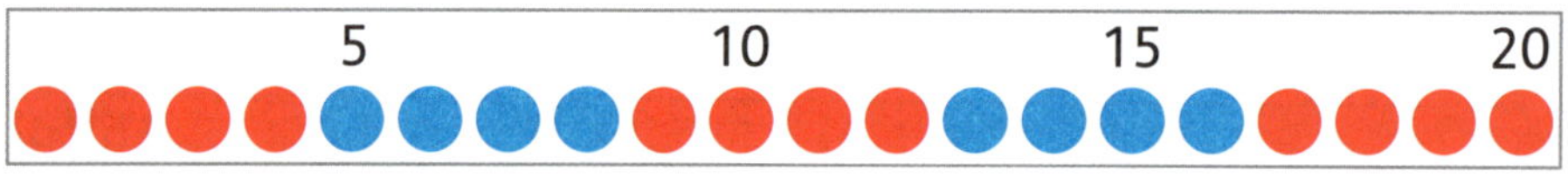

4 · 5 ◯ 10

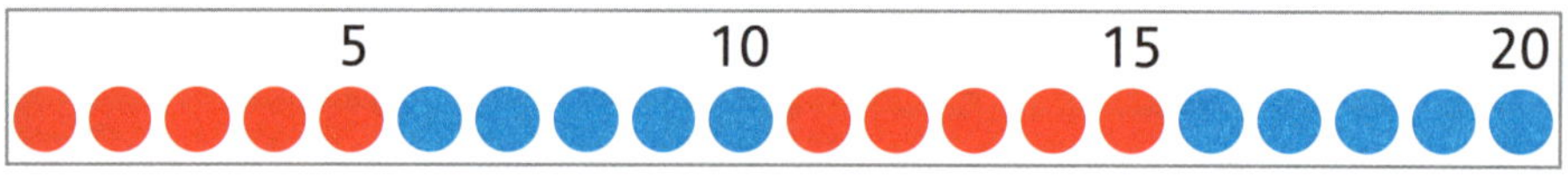

2 Lege und vergleiche.

2 · 4 ◯ 10	3 · 4 ◯ 12	5 · 5 ◯ 21	5 · 2 ◯ 10
2 · 5 ◯ 10	4 · 4 ◯ 12	4 · 5 ◯ 20	4 · 2 ◯ 9
2 · 6 ◯ 10	4 · 3 ◯ 12	3 · 5 ◯ 19	3 · 2 ◯ 8

3 Welche Zahlen passen? Lege und probiere. 1 2 3 4 5 6 7 8 9

■ · 2 < 10	■ · 2 = 10	■ · 2 > 10
1, 2, 3, 4	______	______
■ · 5 < 10	■ · 5 = 10	■ · 5 > 10
______	______	______

1 Terme und Zahlen miteinander vergleichen (z. B. auf der Schulbuch-Beilage mit der Zahlenreihe). **2** Anzahlen legen und verändern. Multiplikative Terme und Zahlen zum Vergleich evtl. aufzeichnen. **3** Verschiedene Lösungen der Ungleichungen und Gleichungen legen und notieren.

→ Schulbuch, Seiten 122/123

1 Rechne und vergleiche. Was fällt dir auf?

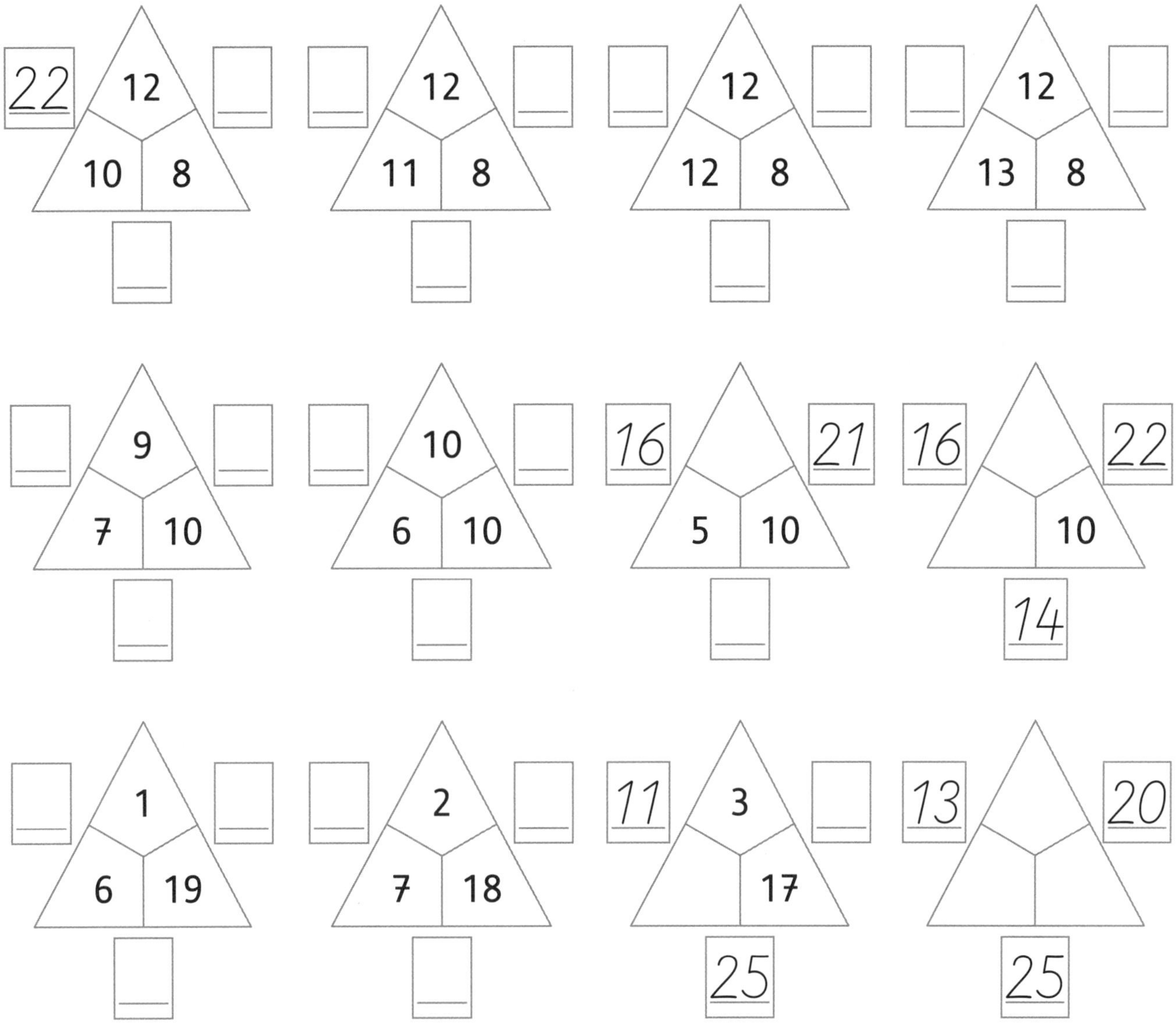

2 Rechne und vergleiche. Was fällt dir auf?

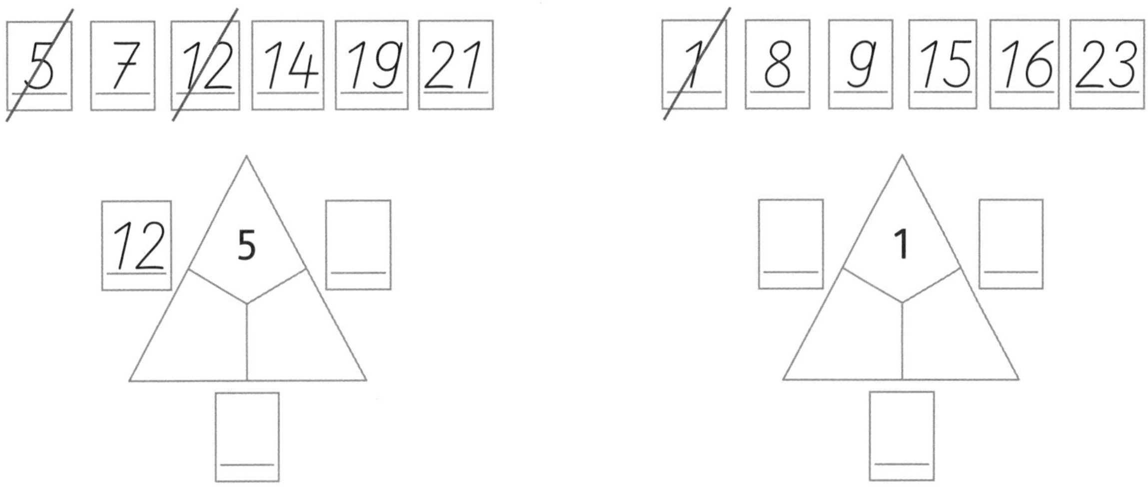

1 Rechendreiecke vervollständigen und vergleichen. Veränderungen der Innenzahlen beschreiben und deren Auswirkungen auf die Außenzahlen begründen. Zur Begründung Plättchen nutzen. **2** Mit Zahlenkarten probierend lösen. Zusätzlich eigene Rechendreiecke finden (KV).

→ Schulbuch, Seiten 126/127

Forschen und Finden: Zahlenmauern

1 Setze fort.

Zahlenmauern (Grundsteine): 2 3 2 | 2 4 2 | 2 _ _ | _ _ _

Was fällt dir auf? ____________________

2 Finde Zahlenmauern. Lege und rechne.

4 5 6

3 Lege verschiedene Zahlenmauern.

10 7 5
8 3 18

2 10 22
8 4 12

4 Triff den Deckstein.

Decksteine: 10 | 11 | 12 | 13

Decksteine: 20 | 20 | 20 | 20

Material zum Legen und Ausprobieren bereitstellen (z. B. Notizzettel oder Bausteine). **1** Zahlenmauern vergleichen und Muster beschreiben. **2** Verschiedene Decksteine finden. **3** Strukturen erkennen und wiederholen. Weitere Mauern im Heft oder auf der KV notieren. **4** Durch operative Variation der Grundsteine vorgegebene Zielzahlen treffen.

→ Schulbuch, Seite 129

Rückblick

1 Rechne und vergleiche.

10 + 5 = ___	20 + 5 = ___	20 − 7 = ___	10 − 5 = ___
9 + 6 = ___	18 + 7 = ___	19 − 6 = ___	12 − 7 = ___

2 Rechne geschickt. Zeichne.

16 + 7	14 + 9	13 + 11	8 + 16
15 − 7	24 − 15	23 − 12	17 − 9

3 Lege und vergleiche.

18 ◯ 21	15 ◯ 20	20 ◯ 12	15 ◯ 10
18 + 2 ◯ 21	15 + 6 ◯ 20	20 − 2 ◯ 12	15 − 6 ◯ 10
2 · 3 ◯ 8	5 · 5 ◯ 15	5 · 2 ◯ 12	3 · 5 ◯ 10
3 · 3 ◯ 8	4 · 4 ◯ 15	4 · 3 ◯ 12	4 · 5 ◯ 20

4 Rechne.

___	___	___	___
___ ___	10 ___	___ 11	8 10
4 6 4	___ 2 8	4 5 ___	___ 5 ___

Wesentliche Inhalte des Kapitels noch einmal reflektieren, die eigenen Kompetenzen einschätzen.

→ Schulbuch, Seiten 130/131

1 Im Schwimmbad. Wie spät ist es? Verbinde.

2 Wie spät ist es? Schreibe auf.

______ ______ ______ ______

3 Zeichne den Stundenzeiger ein.

4 Uhr | 14 Uhr | 16 Uhr | 16.30 Uhr

1 Tagesablauf im Schwimmbad beschreiben. Digitale Uhrzeiten lesen und mit analogen Uhrzeiten verbinden. Evtl. Zeitspannen beschreiben. 2 Uhrzeiten ablesen und notieren. 3 Uhrzeiten eintragen. Beziehungen zwischen ähnlich klingenden Uhrzeiten erkennen.

→ Schulbuch, Seiten 136/137

1 Lege. Wie heißen die Zahlen?

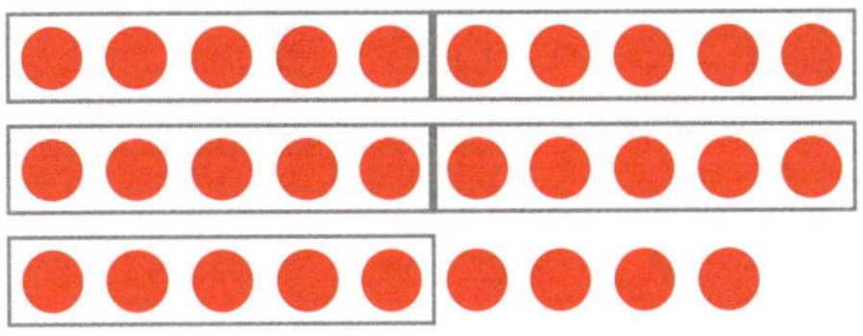

20

9

20 + = 29

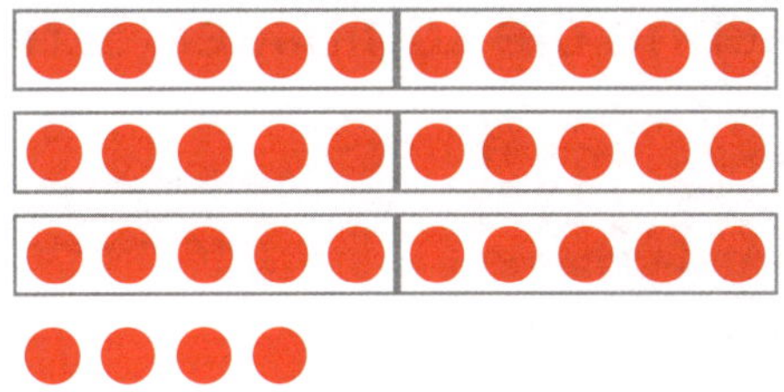

+ =

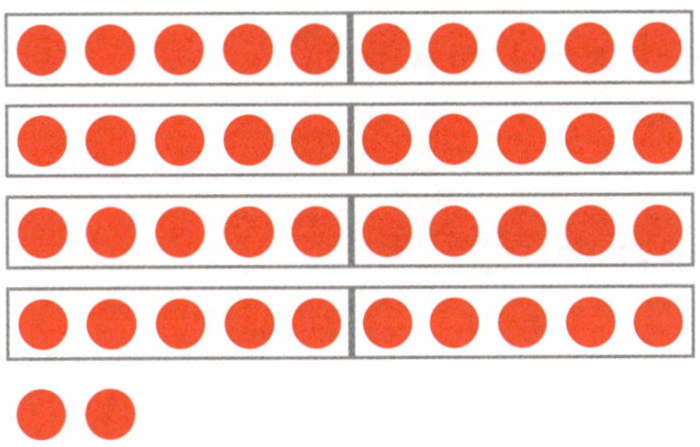

+ =

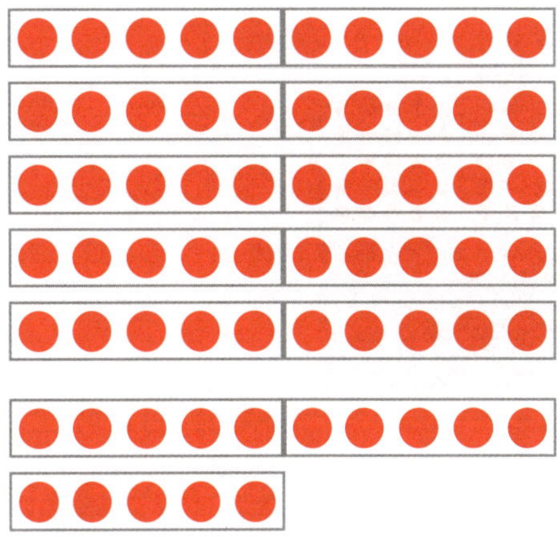

+ =

2 Vergleiche.

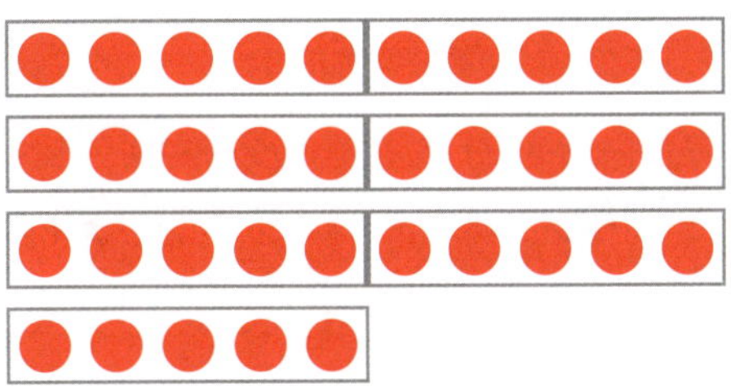

+ =

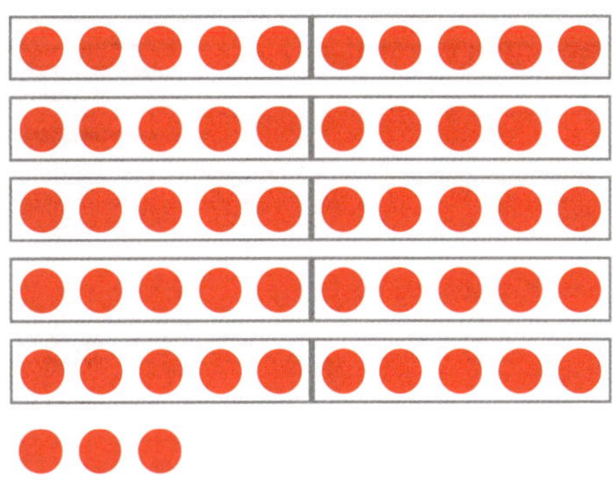

+ =

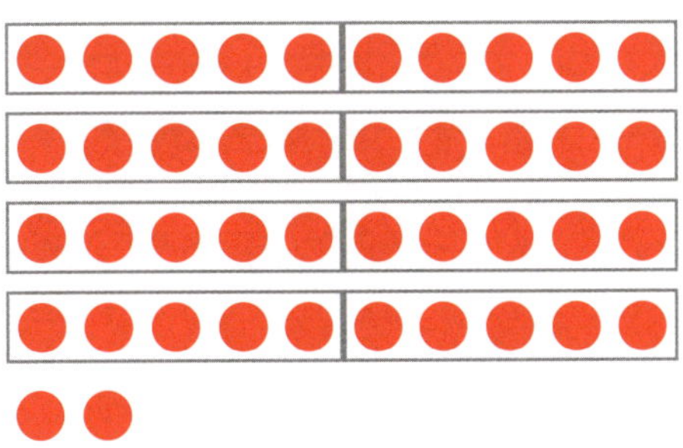

+ =

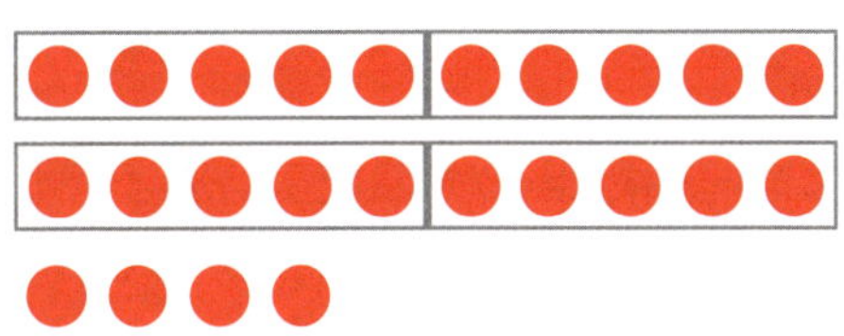

+ =

1 Zahlen mit Zehnerstreifen und Plättchen sowie mit Zahlenkarten darstellen, ggf. legen. Zerlegung in Zehner und Einer notieren. 2 Zahlen vergleichen. Unterschiede zwischen Zehnern und Einern erkennen.

1 Zeichne die Zahlbilder. Schreibe die Zahlen.

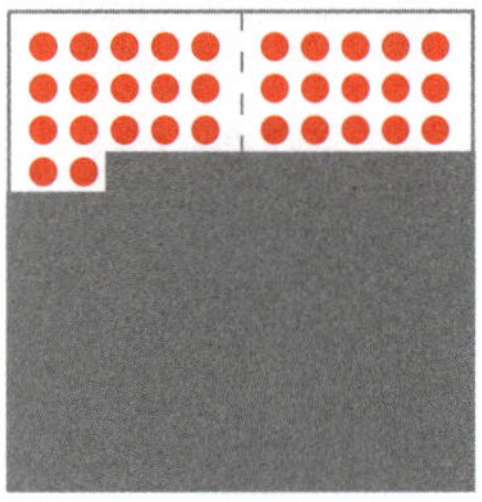

32

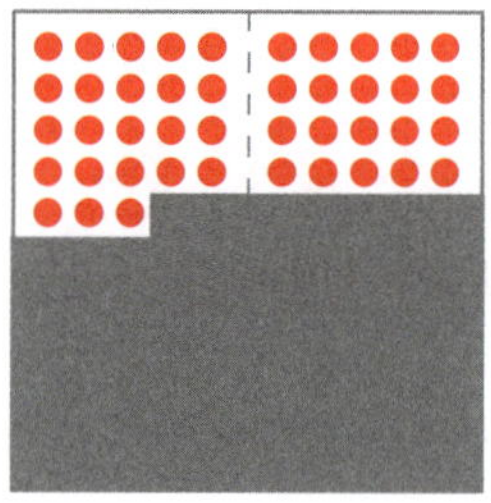

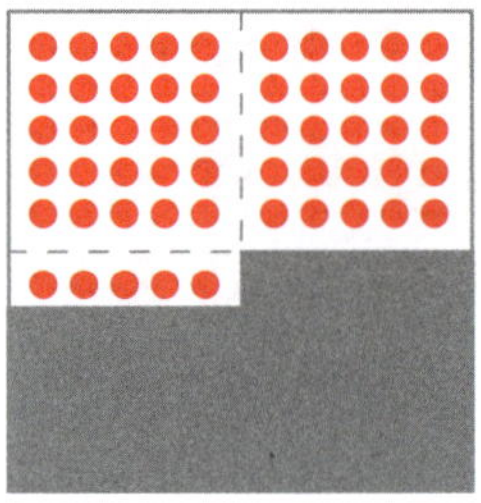

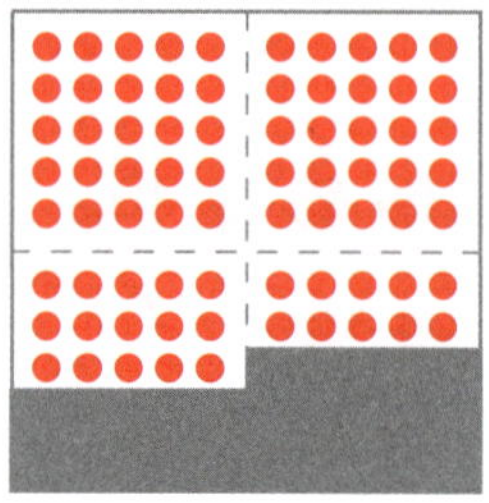

2 Zeige mit dem Winkel am Feld. Zeichne die Zahlbilder. Vergleiche.

36

63

45

54

25

52

1 Zahlen am Hunderterfeld darstellen und die passenden Zahlbilder zeichnen. 2 Zahlbilder zu Umkehrzahlen zeichnen. Zahlen vergleichen und Muster fortsetzen, ggf. die Sprechweise der Zahlen wiederholen.

1 Schreibe die Aufgabe und zeichne das Zahlbild. Vergleiche. Setze fort.

20 + 5 = 25

____

____

____

____

____

____

____

____

____

____

____

2

20	20 + 8 = 28
8	8 + 20 = 28

50	50 + ___ = 58
8	___ + ___ = ___

30	___ + ___ = ___
4	___ + ___ = ___

60	___ + ___ = ___
4	___ + ___ = ___

1 Zahlbilder zeichnen, Aufgabe notieren. Zahlen vergleichen, Muster fortsetzen. **2** Zahlen aus Zehnern und Einern zusammensetzen. Aufgaben notieren und Tauschaufgaben bilden. Zahlenkarten nutzen, ggf. legen.

Einfache Plusaufgaben bis 100

1 Zeichne und rechne. Immer Zehner dazu.

13 + 10 = 23

25 + 10 = ____

32 + 10 = ____

23 + 20 = ____

31 + 20 = ____

24 + 20 = ____

2 Zeichne und rechne. Immer Zehner dazu. Was fällt dir auf?

26 + 20 = ____

36 + 20 = ____

46 + 20 = ____

3 Mit Zehnern rechnen.

24 + 10 = ____	17 + 10 = ____	2 + 10 = ____	6 + 20 = ____
24 + 20 = ____	17 + 20 = ____	22 + 10 = ____	16 + 20 = ____
24 + 30 = ____	17 + 30 = ____	42 + 10 = ____	26 + 20 = ____

4

43 + 20 = ____	55 + 30 = ____	42 + 20 = ____	35 + 20 = ____
53 + 10 = ____	65 + 20 = ____	32 + 30 = ____	15 + 40 = ____

1 Einfache Plusaufgaben mit Zehnerzahl als zweiten Summanden darstellen und rechnen. **2** Additionsaufgaben darstellen, rechnen und zueinander in Beziehung setzen. **3, 4** Einfache Plusaufgaben im Zahlenraum bis 100 rechnen, Zusammenhänge erkennen und nutzen.

Einfache Plusaufgaben bis 100

1 Zeichne und rechne. Immer Einer dazu.

23 + 4 = 27

35 + 4 = ____

52 + 4 = ____

42 + 5 = ____

31 + 5 = ____

24 + 5 = ____

2 Zeichne und rechne. Immer Einer dazu. Was fällt dir auf?

26 + 4 = ____

43 + 7 = ____

34 + 6 = ____

3 Mit Einern rechnen.

22 + 1 = ____	35 + 3 = ____	2 + 6 = ____	6 + 4 = ____
22 + 2 = ____	35 + 4 = ____	22 + 6 = ____	16 + 4 = ____
22 + 3 = ____	35 + 5 = ____	42 + 6 = ____	26 + 4 = ____

4

24 + 6 = ____	35 + 5 = ____	72 + 8 = ____	66 + 4 = ____
23 + 7 = ____	36 + 4 = ____	71 + 9 = ____	67 + 3 = ____

1 Einfache Plusaufgaben mit Einerzahl als zweiten Summanden darstellen und rechnen. 2 Additionsaufgaben darstellen, rechnen und zueinander in Beziehung setzen. 3, 4 Einfache Plusaufgaben im Zahlenraum bis 100 rechnen, Zusammenhänge erkennen und nutzen.

Einfache Minusaufgaben bis 100

1 Zeichne und rechne. Immer Zehner weg.

23 − 10 = 13 	35 − 10 = ___ 	42 − 10 = ___
32 − 20 = ___	46 − 20 = ___	34 − 20 = ___

2 Zeichne und rechne. Immer Zehner weg. Was fällt dir auf?

26 − 20 = ___	36 − 20 = ___	46 − 20 = ___

3 Mit Zehnern rechnen.

54 − 10 = ___	47 − 10 = ___	32 − 10 = ___	67 − 20 = ___
54 − 20 = ___	47 − 20 = ___	42 − 10 = ___	57 − 20 = ___
54 − 30 = ___	47 − 30 = ___	52 − 10 = ___	47 − 20 = ___

4

45 − 20 = ___	52 − 30 = ___	36 − 20 = ___	47 − 20 = ___
35 − 10 = ___	42 − 20 = ___	46 − 30 = ___	67 − 40 = ___

1 Einfache Minusaufgaben mit Zehnerzahl als Subtrahenden darstellen und rechnen. 2 Subtraktionsaufgaben darstellen, rechnen und zueinander in Beziehung setzen. 3, 4 Einfache Minusaufgaben im Zahlenraum bis 100 rechnen, Zusammenhänge erkennen und nutzen.

Einfache Minusaufgaben bis 100

1 Zeichne und rechne. Immer Einer weg.

28 − 5 = 23

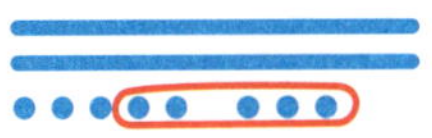

35 − 4 = ____

47 − 4 = ____

46 − 5 = ____

38 − 5 = ____

27 − 5 = ____

2 Zeichne und rechne. Immer Einer weg. Was fällt dir auf?

26 − 6 = ____

43 − 3 = ____

34 − 4 = ____

3 Mit Einern rechnen.

29 − 3 = ____	68 − 1 = ____	9 − 6 = ____	10 − 4 = ____
29 − 4 = ____	68 − 2 = ____	29 − 6 = ____	20 − 4 = ____
29 − 5 = ____	68 − 3 = ____	49 − 6 = ____	30 − 4 = ____

4

30 − 5 = ____	40 − 2 = ____	50 − 6 = ____	40 − 7 = ____
31 − 6 = ____	41 − 3 = ____	52 − 8 = ____	43 − 10 = ____

1 Einfache Minusaufgaben mit Einerzahl als Subtrahenden darstellen und rechnen. 2 Subtraktionsaufgaben darstellen, rechnen und zueinander in Beziehung setzen. 3, 4 Einfache Minusaufgaben im Zahlenraum bis 100 rechnen, Zusammenhänge erkennen und nutzen.

Die Einspluseins-Tafel zum Ausfüllen

0+0=	0+1=	0+2=	0+3=	0+4=	0+5=	0+6=	0+7=	0+8=	0+9=	0+10=
1+0=	1+1=	1+2=	1+3=	1+4=	1+5=	1+6=	1+7=	1+8=	1+9=	1+10=
2+0=	2+1=	2+2=	2+3=	2+4=	2+5=	2+6=	2+7=	2+8=	2+9=	2+10=
3+0=	3+1=	3+2=	3+3=	3+4=	3+5=	3+6=	3+7=	3+8=	3+9=	3+10=
4+0=	4+1=	4+2=	4+3=	4+4=	4+5=	4+6=	4+7=	4+8=	4+9=	4+10=
5+0=	5+1=	5+2=	5+3=	5+4=	5+5=	5+6=	5+7=	5+8=	5+9=	5+10=
6+0=	6+1=	6+2=	6+3=	6+4=	6+5=	6+6=	6+7=	6+8=	6+9=	6+10=
7+0=	7+1=	7+2=	7+3=	7+4=	7+5=	7+6=	7+7=	7+8=	7+9=	7+10=
8+0=	8+1=	8+2=	8+3=	8+4=	8+5=	8+6=	8+7=	8+8=	8+9=	8+10=
9+0=	9+1=	9+2=	9+3=	9+4=	9+5=	9+6=	9+7=	9+8=	9+9=	9+10=
10+0=	10+1=	10+2=	10+3=	10+4=	10+5=	10+6=	10+7=	10+8=	10+9=	10+10=

Aufgaben in der Einspluseins-Tafel lösen. Struktur der Tafel nutzen.